本番前の腕だめし
気象予報士

模擬
試験問題

普及版

＋解答例・解説

気象予報技術研究会 [編]

新田 尚 [編集主任]

朝倉書店

執筆者（アイウエオ順）

足立　　崇　　前気象庁観測部長
伊藤　朋之　　前気象庁気候・海洋気象部長
稲葉　弘樹　　気象予報士
酒井　重典　　前新潟地方気象台長
下山　紀夫　　前鹿児島地方気象台長
新田　　尚　　前気象庁長官　（編集主任）
二宮　洸三　　前気象庁長官
長谷川隆司　　前気象研究所所長
平井　昌行　　気象予報士
山川　　弘　　前前橋地方気象台長

はじめに

　気象予報士試験も、平成6年8月の第1回試験以来まもなく15年を迎え、その間の30回近い試験の全合格者数も7,000名の大台に乗りそうである。この試験の合格率は平均で4％台という厳しいもので、難関の国家資格として知られている。しかし、毎回、5,000名を越える応募者があって、合格を目指して多くのリピーターも含めた受験者が、熱心に取り組んでおられる。

　気象予報士試験については、すでに数多くの参考書が刊行されていて周知されているが、この試験の最大の特徴は最新の気象学と気象技術の基本事項にかかわる知識や応用技能について、天気予報業務を中心に試されるところにある。こうした知識や技能は、単なる気象マニアの域をはるかに超えたものであり、決して第一線の専門家と同じレベルが要求されてはいないものの、試験問題に正しく答えるためには多くの背景知識と実際的技能が必要である。したがって、単なる丸暗記では将来の発展性がなく、一歩一歩足元をふみ固めるように実力を築いていくほかない。試験問題として最先端の事項について極端にレベルの高い問題が出題されるわけではないが、最先端の学問・技術の成果の上に立っている天気予報業務および技術の中味について十分理解し、身につけておく必要がある。

　そうした努力をはらい、準備を整えて本来の試験に向かってスタンバイしている受験者の力試しのために、この問題集を作成・編集した。本番の試験はまもなく30回の迎えるが、これまでの過去問題を詳細に検討してその出題傾向を十分分析した上で、別掲の執筆者が作成した。

　問題の作成にあたっては、別紙に示した「気象予報士試験試験科目の概要」（平成12年8月25日気象庁、(財)気象業務支援センター発表）の分野別に、本番モードを想定したので、あくまでリハーサルのつもりで所要時間（学科一般知識、専門知識各60分、実技1、2各75分）も考慮して解いてほしい。学科の問題の中には、少し定形から外れた設問もあるが、真の実力を試し、かつ重要な基本事項を強調する意図であえて変形を取り入れた。また、本番では実技試験にトレーシングペーパーがついているが、この本にはつけていない。

　解答を記入した後は自己採点を行ない、気象業務支援センターの合格基準の原則（学科試験は15問中11問以上の正解、実技試験は総得点が満点（100点とする）の70％以上）に照らしてチェックしてほしい（本番では、必ずしもこの原則通りではないが）。なお、実技試験の場合は、文章題が多いので定量的な採点になじみにくいが、出題者が求めているキーワードなどの必要事項がどれだけ答えられていたかという評価をきびしく採点してほしい。

　そして、自己採点の結果そのものに一喜一憂するのではなく、受験者各位が自分の弱点を発見し、そうした弱点の克服をめざして自分に合った参考書（別掲リスト参照）の復習と間違えた問題をくり返し解くことによって実力を確実なものとするのに役立てて頂きたい。

　気象予報士試験の目的は、単に国家資格を取得することに満足するのではなく、受験準備を通して養われた天気予報・気象予報という専門分野の知識と技能を通して、自然に接し自然をより深く理解して、この地球上に展開される多彩な気象現象の奥深さを楽しめるようになることが、発展性のある気象予報士としての成功への道ではないかと思う。

2007年10月

新田　尚

気象予報士試験試験科目の概要

　気象予報士試験の試験科目は気象業務法施行規則第15条別表に定められている。同表記載の各項目の概要は以下のとおりである。今後とも気象学の発展、気象庁等における予報技術の高度化等に応じて、その内容は適宜見直される。

学科試験の科目

一　予報業務に関する一般知識

イ	大気の構造	地球・惑星の大気及び海洋の基本的な特徴と構造等
ロ	大気の熱力学	理想気体の状態方程式、大気内の水分の相変化及び大気の鉛直安定度等
ハ	降水過程	雨粒・氷晶等の生成と成長などのメカニズム等
ニ	大気における放射	太陽放射、地球放射の吸収・反射・散乱等の過程及び地球大気の熱収支や温室効果等
ホ	大気の力学	大気の運動を支配する力学法則、質量保存則、コリオリ力、地衡風及び大気境界層の性質等
ヘ	気象現象	様々な時間・空間スケールの現象（地球規模の大規模運動、温帯低気圧、台風、中規模対流系等）の構造と発生・発達のメカニズム等
ト	気候の変動	地球温暖化等の気候変動に対する温室効果ガスの増加、火山噴火、海洋の影響等
チ	気象業務法その他の気象業務に関する法規	民間における気象業務に関連する法律知識（気象業務法及び災害対策基本法その他関連法令）等

二　予報業務に関する専門知識

イ	観測の成果の利用	各種気象観測（地上気象、高層気象、気象レーダー、気象衛星等）の内容及び結果の利用方法等
ロ	数値予測	数値予報資料を利用するうえで必要な数値予報の原理、予測可能性、プロダクトの利用法等
ハ	短期予報・中期予報	短期予報・中期予報を行ううえで着目する気象現象の把握、予報に必要な各種気象資料の利用方法等
ニ	長期予報	長期予報を行ううえで着目する気象現象の把握、予報に必要な各種気象資料の利用方法等
ホ	局地予報	局地予報を行ううえで着目する気象現象の把握、予報に必要な各種気象資料の利用方法等

ヘ	短時間予報	短時間予報を行ううえで着目する気象現象の把握、予報に必要な各種気象資料の利用方法等
ト	気象災害	気象災害の概要と注意報・警報等の防災気象情報
チ	予想の精度の評価	天気予報が対象とする予報要素に応じた精度評価の手法等
リ	気象の予想の応用	交通、産業等の利用目的に応じた気象情報の作成手法等

実技試験の科目

一　気象概況及びその変動の把握

実況天気図や予想天気図等の資料を用いた、気象概況、今後の推移、特に注目される現象についての予想上の着眼点等

二　局地的な気象の予想

予報利用者の求めに応じて局地的な気象予報を実施するうえで必要な、予想資料等を用いた解析・予想の手順等

三　台風等緊急時における対応

台風の接近等、災害の発生が予想される場合に、気象庁の発表する警報等と自らの発表する予報等との整合を図るために注目すべき事項等

参考書・参考文献（刊行年順）

全般

日本気象学会（1998）：新教養の気象学、朝倉書店
二宮洸三（1998）：気象予報の物理学、オーム社
日本気象学会（1998）：気象科学事典、東京書籍
小倉義光（1999）：一般気象学（第2版）、東京大学出版会
天気予報技術研究会編、新田　尚・立平良三共著（2000）：最新天気予報の技術（改訂版）、東京堂出版
天気予報技術研究会編、新田　尚・稲葉征男・古川武彦共著（2000）：気象予報士試験・学科演習、オーム社
天気予報技術研究会編、新田　尚・土屋　喬・成瀬秀雄・稲葉征男共著（2000）：気象予報士試験・実技演習、オーム社
浅井冨男・新田　尚・松野太郎（2000）：基礎気象学、朝倉書店
二宮洸三（2000）：気象がわかる数と式、オーム社
二宮洸三（2002）：（図解）気象の基礎知識、オーム社
新田　尚監修（2005）：合格の法則気象予報士試験・学科編、オーム社
新田　尚監修（2005）：合格の法則気象予報士試験・実技編、オーム社
気象庁編（毎年刊行）：気象ガイドブック、気象業務支援センター
気象庁編（毎年刊行）：気象業務はいま、気象庁
気象庁ホームページ：http://www.jma.go.jp
国土交通省防災情報提供センターホームページ：http://www.bosaijoho.go.jp

過去問題

天気予報技術研究会（毎回の試験後に刊行）：気象予報士試験模範解答と解説、東京堂出版

降水過程

浅井冨雄・武田喬男・木村隆治（1981）：雲や降水を伴う大気、大気科学講座2、東京大学出版会
水野　量（2000）：雲と雨の気象学、朝倉書店
二宮洸三（2001）：豪雨と降水システム、東京堂出版
武田喬男（2006）：雨の科学、気象ブックス015、成山堂書店

法令関係

気象庁編（2006）：気象業務法、平成18年度版、気象業務支援センター
天気予報技術研究会編（2007）：気象予報士試験関連法規のポイント、東京堂出版

気象観測

気象庁（1998）：気象観測の手引き、気象業務支援センター
気象衛星センター（2000）：気象衛星画像の解析と利用、気象業務支援センター
気象庁（2002）：地上気象観測指針、気象業務支援センター
気象衛星センター（2005）：3.7μm帯画像の解析と利用、気象業務支援センター
長谷川隆司・上田文夫・柿本太三（2006）：気象衛星画像の見方と使い方、オーム社
気象業務支援センター（2006）：気象新聞・技術の広場（109）「台風情報に最大瞬間風速」
立平良三（2006）：気象レーダーのみかた―インターネット天気情報の利用―、東京堂出版
安保敏広（2006）：高層気象観測業務の解説、気象業務支援センター

天気予報技術

平沢正信（1997）：天気予測の統計的検証と評価、気象業務支援センター
下山紀夫（1998）：気象予報のための天気図のみかた（CD-ROM付）、東京堂出版

立平良三（1999）：気象予報による意思決定、東京堂出版
長谷川隆司・入田　央・隈部良司（2000）：天気予報の技術―予報実務の実践トライアル―（CD-ROM付）、オーム社
下山紀夫・伊東譲司（2007）：最新の観測技術と解析技法による天気予報のつくり方（CD-ROM付）、東京堂出版

気象解析
二宮洸三（2005）：気象解析の基礎、オーム社

数値予報
二宮洸三（2004）：数値予報の基礎知識、オーム社

数式問題・計算問題
二宮洸三（2006）：気象がわかる数式入門、オーム社
新田　尚・白木正規編著（2007）：気象予報士試験数式問題解説集・学科編、東京堂出版
新田　尚編著（2007）：気象予報士試験数式問題解説集・実技編、東京堂出版

気象庁職員向け研修資料より抜粋（気象予報士試験に有用な文献）
天気予報関連
気象庁予報部（2003）：平成14年度量的予報研修テキスト（量的予報技術資料8）、気象業務支援センター
気象庁予報部（2004）：平成16年度数値予報研修テキスト（数値予報解説資料37）、気象業務支援センター
気象庁予報部（2005）：平成17年度量的予報研修テキスト（量的予報技術資料10）、気象業務支援センター
気象庁予報部（2006）：平成18年度量的予報研修テキスト（量的予報技術資料12）、気象業務支援センター

数値予報関連
気象庁予報部（1995）：数値予報の基礎知識―数値予報の実際―、気象業務支援センター
気象庁予報部（1997）：データ同化の現状と展望（数値予報課報告・別冊43）、気象業務支援センター
気象庁予報部（2000）：新しい数値解析予報システム（数値予報解説資料（33）、数値予報課報告・別冊47）、気象業務支援センター
気象庁予報部（2002）：変分法データ同化システムの現業化（数値予報課報告・別冊48）、気象業務支援センター
気象庁予報部（2003）：気象庁非静力学モデル（数値予報課報告・別冊49）、気象業務支援センター
気象庁予報部（2005）：第8世代数値解析予報システム（数値予報解説資料38）、気象業務支援センター
気象庁予報部（2006）：数値予報モデル構成の改善（数値予報解説資料39）、気象業務支援センター
気象庁予報部（2006）：アンサンブル技術の短期・中期予報への利用―激しい気象現象の予測向上を目指して―（数値予報課報告・別冊52）、気象業務支援センター

（注）気象庁職員向け研修資料については、天気予報技術・数値予報技術の基礎事項の学習に有効であるとともに、最新の導入技術の情報源としてもきわめて貴重である．そういう観点で活用されることをおすすめする．

気象予報士模擬試験問題
解答・解答例・解説

気象予報士模擬試験問題
学科試験解答

予報業務に関する一般知識　　予報業務に関する専門知識

問 1　③　　問 1　③
問 2　①　　問 2　④
問 3　①　　問 3　⑤
問 4　④　　問 4　④
問 5　④　　問 5　②
問 6　①　　問 6　①
問 7　③　　問 7　①
問 8　④　　問 8　②
問 9　③　　問 9　③
問 10　③　　問 10　③
問 11　③　　問 11　⑤
問 12　②　　問 12　②⑥⑦
問 13　④　　問 13　④
問 14　①　　問 14　①
問 15　②　　問 15　③

予報業務に関する一般知識
解　説

問1
答：③
解説：

　本問は、大気の鉛直構造の特性を問う問題である。

　地球大気の最下層には大気境界層(プラネタリー境界層)があり、この層を通して熱と水蒸気が地表面から大気へ、運動量が大気から地表面にそれぞれ運ばれている(図1)。熱や運動量に関しては分子拡散による加熱や分子粘性による摩擦力が考えられるが、これらは無視しうる。しかし、風のシアや地表面加熱による乱渦がもたらす混合効果はそれに比べてはるかに大きく、この熱と運動量の乱流輸送は大気下面の物理的境界条件として、大気運動に大きな影響を及ぼしている。よって、文(a)は正しい。

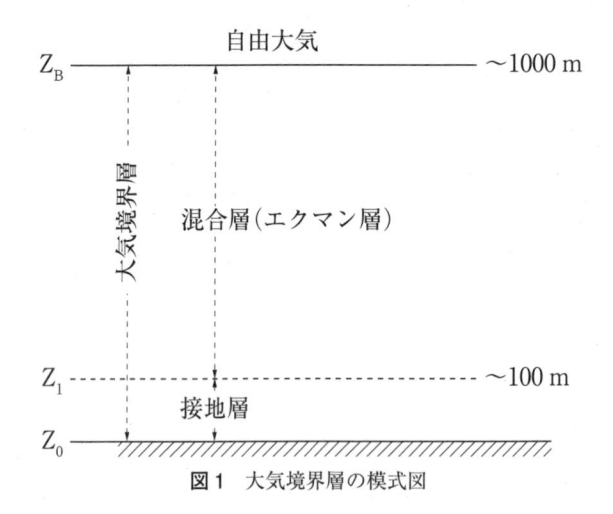

```
           自由大気
Z_B ----------------------------  ～1000 m


大
気
境      混合層(エクマン層)
界
層


Z_1 ----------------------------  ～100 m
           接地層
Z_0 ////////////////////////////
```
図1　大気境界層の模式図

　地球大気には水蒸気が含まれていて、対流圏下層を中心に存在し、場所ごとに違いの大きな分布をしているが、その水蒸気を除いた乾燥空気の化学組成は、高度約80 km付近まではほとんど変わらない。よって、文(b)は正しい。

　地球大気の大気境界層から上層は自由大気である。それは、図2に示すような5つの気層、すなわち、対流圏・成層圏・中間圏・熱圏と外気圏(そこでは大気は分子・原子に分離し、その一部は地球の重力圏から脱出している)とから成り立っている。対流圏から熱圏までの大気の分類は、温度の鉛直分布に基づいて行われている。よって、東西風の鉛直分布によるとする、文(c)は誤りである。

　地球大気の全質量の約90%は高度15～16 km内に含まれており、したがってそのうちの大部分は対流圏に存在していることになる。よって、文(d)は正しい。

　したがって、本問の解答は、「(c)のみ誤り」とする③である。

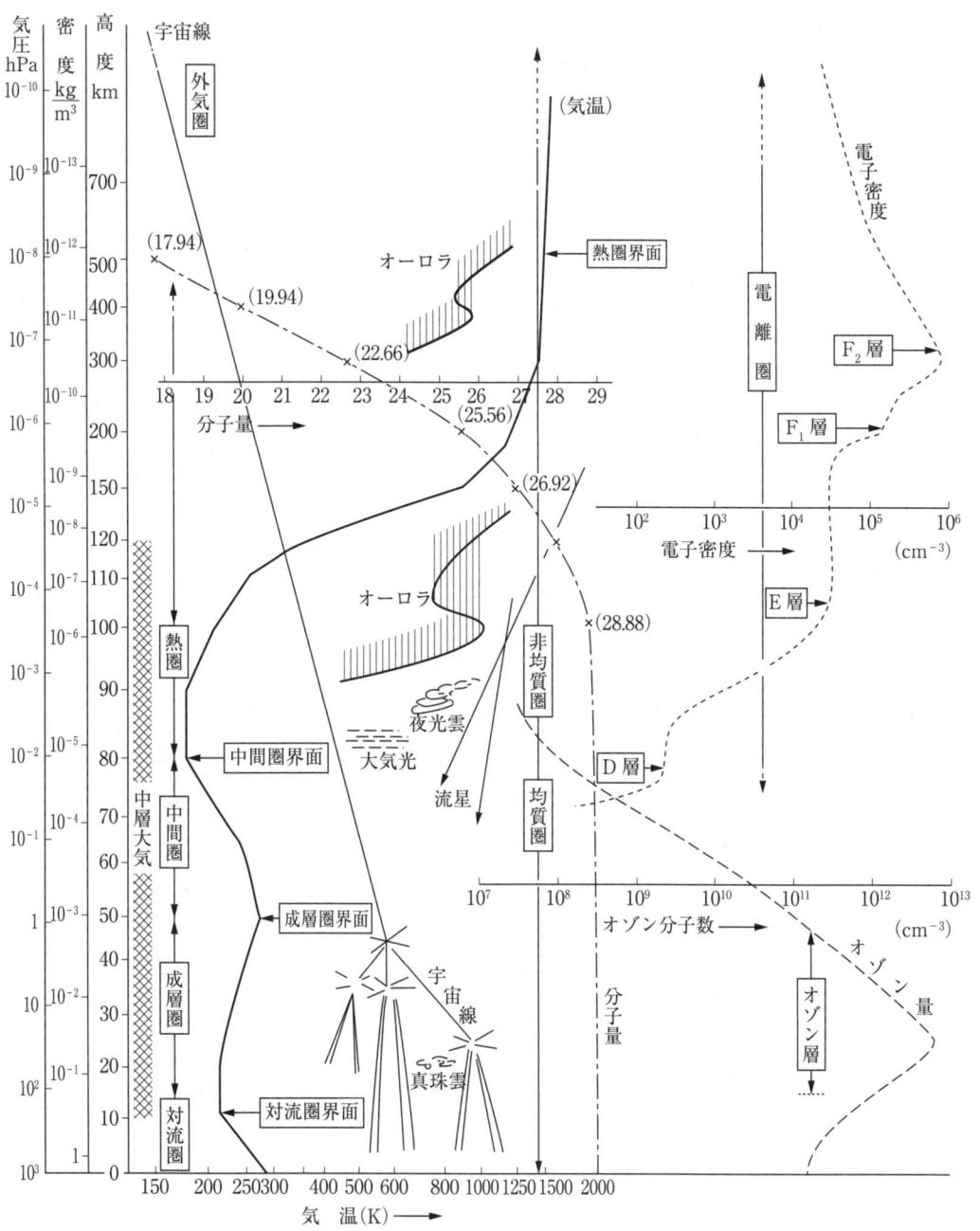

図2 大気の鉛直断面図(『最新 気象の事典』1993)

問2

答：①

解説：

文(a)：飽和水蒸気圧 e_s は

$$\ln\left(\frac{e_s}{6.11\,\text{hPa}}\right) = \frac{L}{R_v}\left(\frac{T - 273.2\,\text{K}}{T \cdot 273.2\,\text{K}}\right)$$

によって求められる。ここに、L および R_v は水蒸気潜熱、水蒸気気体定数、T は温度である。この式はクラウジウス・クラペイロンの式から求められる。このように e_s は T のみの関数である。したがって、文(a)は正しい。

文(b)：水蒸気の混合比 q は水蒸気の質量を m_v、乾燥空気の質量を m_d とすれば $q = m_v/m_d$ によって定義される。したがって

$$q = \frac{0.622e}{p - e}$$

である。e は水蒸気圧、p は気圧である $(p \gg e)$。したがって文(b)は正しい。

文(c)：この定義から飽和混合比 q_s は

$$q_s = \frac{0.622 e_s}{p - e_s}$$

となる。したがって e_s は同じでも p が大きいほど q_s は小さくなるので、文(c)は誤りである。

文(d)：相対湿度の定義から明らかなように、相対湿度のみからは混合比の大小を決められない。したがって、文(d)は正しい。

よって、本問の解答は、「正、正、誤、正」の組み合わせの①である。

問3

答：①

解説：

文(a)：CAPE を求めるには、下層の気塊を仮想的に上昇させ(まず持上げ凝結高度まで乾燥断熱上昇、次には自由対流高度まで湿潤断熱上昇)、以降も中立浮力高度まで湿潤断熱上昇させ、外部(つまり、一般場の気温：高層観測によって与えられる)との温度差を求め、それから、

$$\text{CAPE} = \int_{p_n}^{p_f} R(T_p - T_a) \, d\ln p$$

によって計算する(図3)。ここで p_f、p_n はそれぞれ自由対流高度、中立浮力高度の気圧である。T_p、T_a は気塊および外部の温度である。T_p を求めるには、出発点における気温と水蒸気量の値が必要である。また、T_a は周囲の気温である。文(a)は正しい。

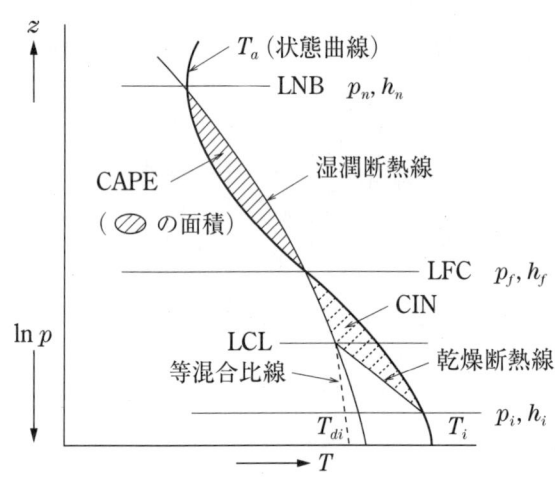

図3 エマグラムで示した気塊の断熱上昇と LCL、LFC、LNB および CAPE と CIN の関係

文(b)：対流不安定は $\partial \theta_e / \partial z < 0$ の状況を意味する。相当温位 θ_e は次式により計算される。

$$\theta_e = T \left(\frac{1000}{p}\right)^{R/C_p} \kappa \exp\left(\frac{L}{C_p} \cdot \frac{q_s}{T_s}\right)$$

である。T_s、q_s は持上げ凝結高度における気温および飽和混合比である。L は水蒸気の潜熱、R は乾燥空気の気体定数、κ は R/C_p である。exp は指数関数である。全層の θ_e を求めなければならないから、(T, q) の鉛直分布が必要である。したがって、文(b)は正しい。

文(c)：対流不安定の定義から知られるように上層における θ_e の減少と下層における θ_e の増加により、不安定性が増加する。したがって、上層における寒気移流・乾気移流、下層における暖気移流・湿気移流は不安定性を増加させる。また、上昇流は気柱の伸長をもたらし不安定性を増加させる。したがって、文(c)は正しい。

文(d)：大気最下層における非断熱的加熱と水蒸気補給も下層の相当温位を増加され対流不安定を強める。したがって、文(d)は正しい。

よって、本問の解答は「正、正、正、正」の組み合わせの①である。

[註] 文(a)において、CAPE$=\int_{p_n}^{p_f} R(T_p - T_a) d\ln p$ の式で T_p は気塊の温度、T_a は外周の気温であると述べた。厳密には、T_p、T_a は仮温度である。仮温度は温度と水蒸気量から計算される。したがって、厳密には水蒸気の鉛直分布も必要である。しかし、その効果は副次的であるので、予報士試験の問題としては、T_a は気温のみで決定されるとして説明した。

問4

答：④

解説：

　平らな水面から蒸発してこれと接する大気中に出ていく水分子の数と、大気中の水分子が水面に衝突して捕捉される数が釣り合っているとき、液相の水と気相の水が平衡状態にあるといい、このとき大気は飽和しているという。このときの単位体積の気塊中に占める水分子の質量すなわち水蒸気密度を飽和水蒸気密度といい、この水蒸気が及ぼす圧力を飽和水蒸気圧という。

　清浄な大気中では、相対湿度が100％に達しても、水蒸気が凝結して水滴になるという相変化が実現しないのは、平らな水面に対して定義された飽和水蒸気圧が、球形の水滴表面に対する飽和水蒸気圧に比べて低いからである。水滴が球形を保てるのは、水の表面張力が水滴の表面積を最小にするように作用しているからであり、水滴に水分子が捕捉されるということは、水滴の体積が増加して表面積が増すことであるから、この表面張力は水滴の表面積増加を抑制する力として作用するために、球面に対する平衡水蒸気圧は高くなるのである。その結果、平面に対する飽和水蒸気圧では、気相の水分子は液相の水分子に変化できないのである。よって、文(a)の記述は正しい。

　しかし、実際の大気中には種々の組成と大きさをもつエーロゾルと呼ばれる微粒子が浮遊しており、その中には、相対湿度が300％程度までの過飽和の大気中で、その芯(核)となって微水滴生成(凝結)に寄与する液体または固体の微粒子が含まれている。この微粒子を凝結核という。この凝結核は地上起源の土壌粒子、海水起源の海塩粒子、および火山活動や人間活動に起源をもつ粒子などからなり、これらは大きさによって、エイトケン核(半径0.1μm以下)、大核(0.1〜1μm)、および巨大核(1μm以上)に分類されている。

　この凝結核の中には、吸湿性があって、水に溶けやすく、1〜2％以下という過飽和度で凝結を促進する比較的大きな粒径のものがあり、このような雲粒生成に効果的に機能する凝結核は雲(粒)核と呼ばれている。したがって、文(b)の記述は正しい。

　この雲(粒)核となる代表的な吸湿性微粒子の組成は、主に塩化ナトリウム、硫酸、硫酸アンモニウムなどである。塩化ナトリウムの微粒子の多くは海水の飛沫が蒸発してできた海塩核と呼ばれるもので、その大部分は0.1μm以上の大きさをもっている。また、硫酸あるいは硫酸アンモニウムの微粒子は陸上で生じた様々な原因に起源を有している。したがって、文(c)の記述も正しい。

　凝結核の数は、人間活動が活発な陸上で多く、都市域で10万個/cm^3、農村部で1万個/cm^{3}であるが、海洋上や山岳部上では少なく数百個/cm^{3}程度である。また、雲中の雨滴の数は1m^{3}あたり10〜1000個程度、雲粒の数は1cm^{3}あたり10〜1000個程度(雲粒の数は雨滴の数のおよそ100万倍)であるが、通常、陸上の雲粒数は海上に比べて1桁以上多い。これは、過飽和度1％程度で雲粒を生成する凝結核の数が海洋上に比べて陸上では10倍以上も多いことと一致する。つまり、海洋上または沿岸付近の雲粒の数密度は小さい。

ところで、雨滴まで成長する大きな雲粒が凝結のみでつくられるためには、「最初から大きな雲粒が存在している」か、あるいは「雲粒の数密度が小さい」かの条件が必要である。限られた過飽和の状態下で、水蒸気分子が雲粒に向かって拡散してきて、その上で凝結が生じて雲粒が成長するとき、雲粒が少ないほど、水蒸気分子の獲得には有利であり、雲粒はより大きく成長できるからである。

典型的な雲粒（半径10μm）の質量は、典型的な雨粒（半径1mm）の1/100万である（図4）。このことは、雲粒から雨滴に成長するためには、雲粒がいかに多量の水分子を取り込まなければならないかを示しているといえる。したがって、雲粒が少ないことは雨滴の形成に不利であるとした、文(d)の記述は誤りである。

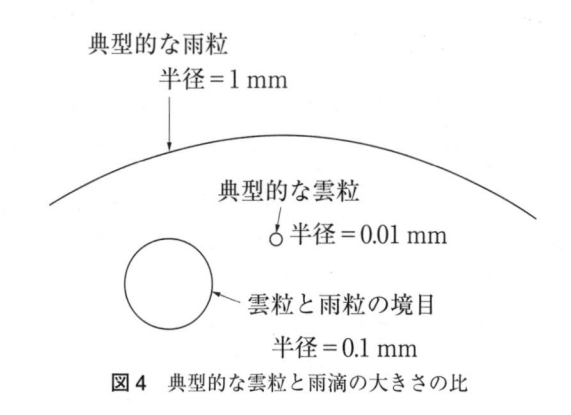

図4 典型的な雲粒と雨滴の大きさの比

よって、本問の解答は「(d)のみ誤り」とする④である。

問5

答：④

解説：

ステファン-ボルツマンの法則によれば、黒体からの放射強度はその絶対温度の4乗に比例する。したがって文(a)の逆比例は、誤りである。ウイーンの変位則によれば、黒体の放射強度が最大となる波長は絶対温度に逆比例する。したがって、比例するとした文(b)は誤りである。キルヒホッフの法則によれば、現実の物体について、放射をよく吸収する物体はよく放射する。したがって文(c)は正しい。現実の物体は常にその温度に見合った電磁波を発しているがその強さは厳密には黒体には及ばない。ただし黒体との差が小さいとして、単純化のため現実の物体を黒体と仮定して扱う場合はある。したがって現実の物体がつねに黒体と同じ強さで電磁波を発しているとした文(d)は誤りである。

よって、本問の解答は「誤、誤、正、誤」の組み合わせの④である。地球の放射平衡温度、あるいは大気の温室効果の評価には、こうした事項の理解が基本的に重要である。

問6

答：①

解説：

文(a)は、地上気圧の定義としての説明そのものである。したがって、文(a)は正しい。

文(b)は、上の定義の説明からわかるように、気柱の総質量が変化しなければ地上気圧も変化しない（図5）。したがって、文(b)は正しい。

文(c)は、気柱の総質量が増加するのは質量収束があるからである（図6）。したがって、文(c)は正しい。

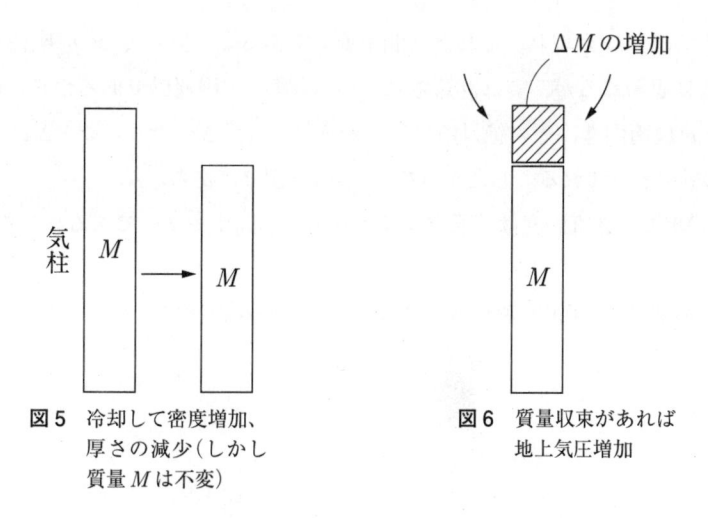

図5 冷却して密度増加、厚さの減少（しかし質量 M は不変）

図6 質量収束があれば地上気圧増加

文(d)は、文(c)も述べたように、静力学平衡や層厚（気層の平均温度によって決定される）のみでは地上気圧とその時間変化は決定されないから、文(d)は正しい。

よって、本問の解答は、「正、正、正、正」の組み合わせの①である。

問7

答：③

解説：

文(a)：ある水平面上の流れ面積素分 S を考える。渦度 ζ は

$$\zeta = \lim_{s \to 0} \frac{1}{S} \oint v_t ds$$

によって定義される。v_t は S の外周に沿う接線速度成分、ds は外周に沿う線素分である。円板の場合には、$v_t = r\omega$ だから（r は円形の面積素分の半径、ω は角速度）$\zeta = 2\pi r \cdot r\omega / \pi r^2 = 2\omega$ となる。したがって、文(a)は正しい。

文(b)：コマの回転軸を考えるように、ζ は水平面上の回転だから回転軸は水平面に鉛直である（図7）。したがって、ベクトルとしては ζ は渦の鉛直成分である（水平成分ではない）ので、文(b)は誤りである。

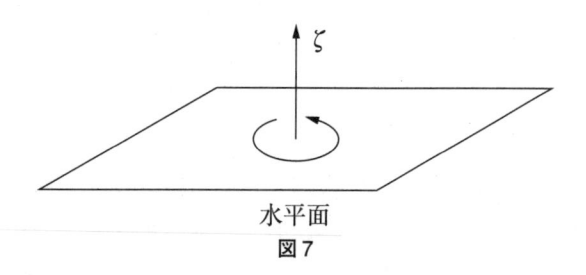

図7

文(c)：台風など円運動の場合極座標で ζ を計算すると

$$\zeta = \frac{\partial v_\theta}{\partial r} - \frac{\partial v_r}{r \partial \theta} + \frac{v_\theta}{r}$$

となる。v_θ、v_r はそれぞれ v の接線速度、動径速度である。(x, y) 座標では、$\zeta = \partial v / \partial x - \partial u / \partial y$

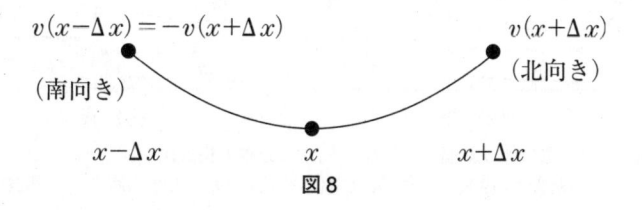

図8

となる。極座標では v_θ/r が現れ、これが「曲率項」である。一見して (x, y) 座標系の計算では曲率項がないように思われるが、実は計算されている(図8)。円運動であるから、$v(x + \Delta x)$ は北向き、$v(x - \Delta x)$ は南向き、その絶対値は等しいから $v(x - \Delta x) = -v(x + \Delta x)$。したがって、$\partial v/\partial x$ に曲率の効果が含まれる。したがって、文(c)は誤りである。

文(d)：大規模現象の鉛直渦度は、通常コリオリ因子と同オーダーである。したがって、文(d)は誤りである。

よって、本問の解答は、「正、誤、誤、誤」の組み合わせの③である。

問8

答：④

解説：

寒冷低気圧(コールドロー)とは、総観規模で中心部の温度が周囲より低い温帯低気圧である。気温と大気の流れに着目すると寒冷渦(コールドボルテックス)、気圧に着目すれば切離低気圧(カットオフロー)とも呼ばれている。寒冷低気圧に似た名前であるが、本質的に異なる擾乱である寒気内低気圧は、冬期、主に寒冷前線帯の海洋上で総観規模の温帯低気圧の後面(寒冷前線の寒気側)で発生する擾乱で、水平規模はメソβ～メソαスケール(100 km～1000 km)である。通常、前線は伴っていない。発達の程度や伴っている雲の形状によって、ポーラーロー、ポーラトラフ、コンマ雲低気圧などの異なる名前で呼ばれているが、本質的には同じ現象である。

文(a)、(b)は、寒気内低気圧、ポーラーロー、寒冷低気圧(寒冷渦)のそれぞれの定義といえる。したがって、正しい。文(c)は、寒冷低気圧の鉛直構造の記述である。上層に成層圏の高温の空気が存在し、対流圏中層に低圧域が現れるが、それより下層にかけては寒気が存在するため、地表面付近では明確な低圧域はみられない。したがって、文(c)は正しい。文(d)については、多くの場合(特に寒候期)に(上層)寒冷低気圧は正渦度を伴うことから(上層)寒冷渦と呼ばれており、ふつう西風の影響を受けて東進することが多い。しかし、夏期には、西太平洋上で深い気圧の谷から切離した寒冷低気圧が、亜熱帯地方の上空の東風に流されて西進することがある。したがって、文(d)は誤りである。

よって、本問の解答は「(d)のみ誤り」とする④である。

問9

答：③

解説：

海陸風は、一般風の弱い晴天の日に、海岸近くで生じる局地風で、昼間は海から陸に向かって海風が吹き、夜間には陸から海に向かって陸風が吹く。海陸風が起こる原因は、海面と陸面における日射加熱の温度差によるが、それは主に、海水の比熱の方が土壌の比熱より大きいこと、お

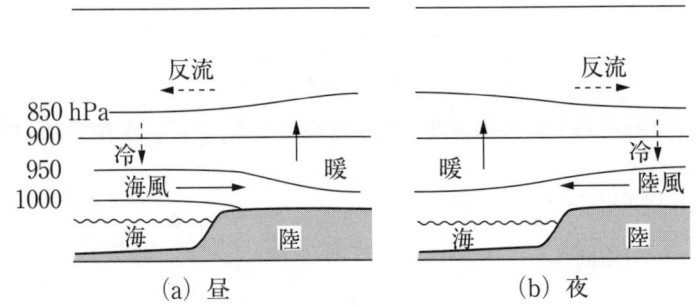

図9 海陸風に伴う気温・等圧面・流れの分布の模式図
(小倉義光(1999)：一般気象学(第2版)、東京大学出版会、一部改変)

よび陸地ではごく表層にのみ温度変化が起こるのに対し、海洋では比較的厚い海洋混合層全体で熱が貯留されることによる。図9は海陸風に伴う気温・等圧面・大気の流れを示した模式図である。海陸風の強さは、日射量・海面水温・地表面の性質などによる海上と陸上の温度差によって違うが、海岸線の形状や地形にも影響される。海陸風には、コリオリ力が働くので海岸線に直角の方向から北半球（南半球）では少し右より（左より）にずれて吹く。最大風速は、海風が5～6 m/s、陸風が2～3 m/sで、最大風速が現れる高さは、海風が200～300 m、陸風が50～100 mであり、一般的に海風の方が陸風より強い。

以上のことから、本問の解答は③である。

問10

答：③

解説：

地球大気の主成分である窒素や酸素は温室効果をもたないので、文(a)は誤りである。

文(b)は正しい。これについては、気候変動に関する政府間パネル(IPCC)の第3次報告書によれば、1990～1999年の期間について1年あたりの炭素量（単位はGt＝ギガトン、1ギガトン＝10億トン）でみると、人為的に排出された二酸化炭素は6.3 Gt、大気中の増加量は3.2 Gt、海洋への吸収が1.7 Gt、陸地への吸収が1.4 Gtとしており、人為排出の半分が大気に残り、半分は海と陸に吸収されている。

文(c)は誤りであり、2倍ではなく1.3倍が正しい。IPCCの第3次報告書によれば、大気中の二酸化炭素濃度は、産業革命以前(1750年)の濃度は280 ppm、1998年の濃度は365 ppmとしており、1.3倍以上であるが、その後現在までの増加を考えても2倍にはなっていない。近年は平均して、1年に1.5 ppm増加しているので、この増加が続けば、2倍の560 ppmになるのは、120年後の2118年である。

文(d)については、大気をもたない球形の黒体地球を仮定して、太陽定数に1.37×10^3 Wm^{-2}、地球のアルベドに0.3という現実的な値を与えた黒体放射の計算から、大気の存在しない地球表面の放射平衡温度は現実の地球表面の平均温度より30℃以上低い温度と計算される。したがって、大気をもたない地球表面の平均温度は現状より約10℃低いとした文(d)は現状の大気の温室効果を20℃以上も過小評価しており誤りである。

これによって、本問の解答は、「誤、正、誤、誤」の組み合わせの③である。

問11

答：③

解説：

エルニーニョ現象とは熱帯太平洋を中心とした海面水温分布が平年の状態から大きく偏る現象である。すなわち、南米のペルーやエクアドルの沖合いから太平洋赤道域の中央部（日付変更線付近）にかけての熱帯太平洋のほぼ東半分にわたる広い海域で、数年おきに海面水温が平年に比べて1～2℃（ときには2～5℃以上）高くなり、その状態が半年から1年半程度持続する現象である。なお、これとは逆に同じ海域で海面水温が平年より低い状態が続く現象は、ラニーニャ現象と呼ばれている。したがって、文(a)は正しい。なお、変動は風速場にも現れる。

太平洋赤道域の中部から東部にかけての海域は世界の海洋の中で最も海面水温の経年変動が大きいところである。この変動は主にエルニーニョ現象やラニーニャ現象の発生によるものと考えられている。気象庁では、この太平洋赤道域の中部から東部にかけての海域である北緯5度と南緯5度、西経150度と西経90度で囲まれた海域をエルニーニョ監視海域としてこの海域の海面

水温の変動を監視している。エルニーニョ監視海域の海面水温の基準値との差の5か月移動平均値が6か月以上続けて＋0.5℃以上となった場合をエルニーニョ現象と定義している。なお、エルニーニョ現象の場合とは逆に、監視海域の海面水温の基準値との差の5か月移動平均値が6か月以上続けて−0.5℃以下となった場合はラニーニャ現象と定義している。したがって、文(b)は正しい。

このようにエルニーニョ現象は持続期間の長い現象であるので、気象庁ではその発生や終息の時期を月単位ではなく季節単位で表している。したがって、文(c)は誤り。

エルニーニョ現象が発生すると世界の天候に様々な影響を及ぼすが、日本の天候にもその影響が現れている。影響の度合いは季節によって異なるが、たとえば気温への影響としては、春(3〜5月)は全国的に「平年並〜高い」、夏(6〜8月)と秋(9〜11月)は西日本と南西諸島が「平年並〜低い」、冬(12〜2月)は東日本から西日本そして南西諸島にかけて「平年並〜高い」という影響がみられる。また地域によっても若干異なるが、梅雨の入り・明けの時期などにも影響が出ているようである。したがって、文(d)は正しい。

よって、本問の解答は「(c)のみ誤り」とする③である。

参考文献：気象庁地球環境・海洋部（2006）：平成18年度季節予報研修テキスト。

問12

答：②

解説：

気象業務法の目的を規定した同法第1条の条文の穴埋め問題である。多くの法律は、第1条にその法律の制定に関する動機や目的、また目的の手段などを簡潔に表現した目的規定が書かれており、その解釈運用の指針を与えている。一般的には、直接的目的、より高次の目的、目的達成の手段、さらには立法の動機などから構成されている。

気象業務法第1条の目的規定の場合は、

  目的達成の手段＝「気象業務に関する基本制度を定める」
  直接的目的　　＝「気象業務の健全な発達」
  より高次の目的＝「公共の福祉の増進（災害予防、交通安全の確保、産業の興隆など）」、「気象業務に関する国際協力」

のような構成になっている。

(a)については、直接的目的にかかわる部分である。気象業務法においては、気象業務に関する基本的制度を定め、これに基づいて気象庁が自ら気象業務を実施し、また、気象庁以外の者が行う気象業務の監督などを行うことにより気象業務の健全な発達を図ることを直接的な目的としている。したがって、(a)には「健全な発達」が選択される。

(b)、(c)および(d)については、より高次の目的にかかわる部分である。(b)には、「交通の安全の確保」と「産業の興隆」などと同列に論じられ、これらよりも前段階に位置づけられるべきこととして、「災害の予防」が選択される。(c)には、「災害の予防」、「交通の安全の確保」、「産業の興隆」などの具体的な例を総称的に意味することとして、「公共の福祉の増進」が選択される。また、(d)については、気象業務の質は明らかに技術のレベルによって左右されるので"技術革新"は当然ながら必要なことであるが、直接的目的の"気象業務の健全な発達"に含まれるものと理解することができる。他方、国際間での気象資料の交換などができないと天気図が作成できないように、"国際的協力"がなければ気象業務を行うことができない。したがって、(d)には「国際的協力」が選択される。

以上のことから本問の解答は、(a)を「健全な発達」、(b)を「災害の予防」、(c)を「公共の福

祉の増進」、(d)を「国際的協力」とする②の組み合わせとなる。

なお、気象業務法および災害対策基本法の目的を規定した、それぞれの第1条条文の穴埋め問題は過去に何回も出題された頻出問題であり（穴埋めの箇所は毎回違うが）、今後も出題されることが予想できる。常識と照らし合わせて消去法で冷静に対応すれば、比較的容易に正解にたどりつくことができると思われるが、選択肢の中にはどれもが正解となりうるように思わせる語句が並べられているので、試験時間の有効活用とケアレスミス予防のためにも気象業務法と災害対策基本法の第1条の条文は暗記しておくことをお勧めしたい。

問13

答：④

解説：

気象庁以外の者が行う気象観測に関する問題である。まず、気象庁以外の者の行う気象観測に関して規定した気象業務法第6条の条文を確認することにする。

・気象業務法第6条（気象庁以外の者の行う気象観測）

1. 気象庁以外の政府機関又は地方公共団体が気象の観測を行う場合には、国土交通省令で定める技術上の基準に従ってこれをしなければならない。但し、下に掲げる気象の観測を行う場合は、この限りでない。
    1. 研究のために行う気象の観測
    2. 教育のために行う気象の観測
    3. 国土交通省令で定める気象の観測

2. 政府機関及び地方公共団体以外の者が次に掲げる気象の観測を行う場合には、前項の技術上の基準に従ってこれをしなければならない。ただし、国土交通省令で定める気象の観測を行う場合は、この限りでない。
    1. その成果を発表するための気象の観測
    2. その成果を災害の防止に利用するための気象の観測
    3. その成果を電気事業法（昭和39年法律第170号）第2条第1項第9号の電気事業の運営に利用するための気象の観測

3. 前2項の規定により気象の観測を技術上の基準に従つてしなければならない者がその施設を設置したときは、国土交通省令の定めるところにより、その旨を気象庁長官に届け出なければならない。これを廃止したときも同様とする。

4. 気象庁長官は、気象に関する観測網を確立するため必要があると認めるときは、前項前段の規定により届出をした者に対し、気象の観測の成果を報告することを求めることができる。

なお、同法第6条第2項の「ただし、国土交通省令で定める気象の観測を行う場合は、この限りでない」の具体例としては、畝の間または苗木の間、建物または坑道の内部など特殊な環境によって変化した気象のみを対象とする観測や航空機で行う気象の観測などがあげられる（気象業務法施行規則第1条の4）。

文(a)、(b)、(c)、(d)を上記条文と照らし合わせると、次のようになる。

文(a)は、同法第6条第4項の規定のとおりであるので正しい。

文(b)は、この場合、政府機関及び地方公共団体以外の者である民間スキー場が、災害防止に利用するために気象の観測を行うので、同法第6条第3項の規定によりその施設を設置したときは気象庁長官に届け出なければならない。したがって、"気象庁長官の許可を受けなければならない"とした文(b)の記述は誤りである。

文(c)は、自らの予報業務のために観測を行うので、同法第6条第2項の各号にあてはまな

いので、技術上の基準の適用を受けない。したがって、文(c)の記述は正しい。ただし、予報とともに観測の成果も発表する場合には、同法第6条第2項の第1号に該当するため技術上の基準の適用を受けることになる。

文(d)は、この場合、気象庁以外の政府機関又は地方公共団体である県立高校が気象の観測を行うのであるが、その目的が"教育のため"であるので同法第6条第1項の例外に該当する。したがって、国土交通省令で定める技術上の基準に従って気象の観測を行う必要はなく、ゆえに同法第6条第3項による観測施設の設置を気象庁長官に届け出る必要もないので、"気象庁長官に届け出なければならない"とした文(d)の記述は誤りである。

したがって本問の解答は、「(b)と(d)が誤り」とする④となる。

問14

答：①

解説：

気象庁から警報事項の通知を受けた機関等の措置に関する問題である。まず、警報事項の通知に関して規定した気象業務法第15条の条文を確認することにする。

・気象業務法第15条

1. 気象庁は、第13条第1項、第14条第1項又は前条第1項から第3項までの規定により、気象、津波、高潮、波浪及び洪水の警報をしたときは、政令の定めるところにより、直ちにその警報事項を東日本電信電話株式会社、西日本電信電話株式会社、警察庁、海上保安庁、国土交通省、日本放送協会又は都道府県の機関に通知しなければならない。警戒の必要がなくなつた場合も同様とする。
2. 前項の通知を受けた東日本電信電話株式会社、西日本電信電話株式会社、警察庁及び都道府県の機関は、直ちにその通知された事項を関係市町村長に通知するように努めなければならない。
3. 前項の通知を受けた市町村長は、直ちにその通知された事項を公衆及び所在の官公署に周知させるように努めなければならない。
4. 第1項の通知を受けた海上保安庁の機関は、直ちにその通知された事項を航海中及び入港中の船舶に周知させるように努めなければならない。
5. 第1項の通知を受けた国土交通省の機関は、直ちにその通知された事項を航行中の航空機に周知させるように努めなければならない。
6. 第1項の通知を受けた日本放送協会の機関は、直ちにその通知された事項の放送をしなければならない。

文(a)、(b)、(c)、(d)を上記条文と照らし合わせていくと、次のようになる。

文(a)：同法第15条第2項によると"直ちに関係市町村長に通知しなければならない"の部分の記述は誤りで、正しくは"直ちに関係市町村長に通知するように努めなければならない"である。したがって、文(a)の記述は誤りである。

文(b)：同条第3項のとおりであるので、文(b)の記述は正しい。

文(c)：同条第5項のとおりであるので、文(c)の記述は正しい。

文(d)：同条第6項のとおりであるので、文(d)の記述は正しい。

以上のことから本問の解答は、「(a)のみ誤り」とする①となる。

問15

答：②

解説：
　災害対策基本法の目的を規定した同法第1条の条文の穴埋め問題である。多くの法律は、第1条にその法律の制定に関する動機や目的、また目的の手段などを簡潔に表現した目的規定が書かれており、その解釈運用の指針を与えている。一般的には、直接的目的、より高次の目的、目的達成の手段、さらには立法の動機などから構成されている。

　災害対策基本法第1条の目的規定の場合は、
　　　　　目的達成の手段＝「防災に関し必要な体制を確立するとともに、防災計画の作成等災害対策の基本を定めることにより、総合的、計画的な防災行政の整備、推進を図る」
　　　　　直接的目的　　＝「国土や国民の生命、身体、財産を災害から保護する」
　　　　　より高次の目的＝「社会秩序の維持と公共の福祉の確保に資する」
のような構成になっている。

　(a)は、直接的目的にかかわる部分である。災害対策基本法では、災害から保護すべき対象として大きく2つ国土と国民を挙げており、国民についてはより具体的に生命、身体および財産が保護されるべき対象として規定されている。したがって、(a)には「財産」が選択される。

　(b)は、目的達成の手段にかかわる部分である。災害対策には多くの国の機関や地方公共団体などがかかわっているが、その実効をあげるためには、災害対策にかかわる機関が緊密な連携のもとに総合的かつ計画的な防災対策を推進することが必要となる。したがって、(b)には国、都道府県および市町村のすべてを含むことになる「国、地方公共団体」が選択される。

　(c)は、より高次の目的にかかわる部分である。災害対策基本法の究極の目的として掲げられることで、「公共の福祉の増進」と同列に論じられ、これよりも前段階に位置づけられる維持すべきこととしては、「社会の秩序」が選択される。

　以上のことから本問の解答は、(a)を「財産」、(b)を「国、地方公共団体」、(c)を「社会の秩序」とする②の組み合わせとなる。

　なお、災害対策基本法および気象業務法の目的を規定した、それぞれの第1条条文の穴埋め問題は過去に何回も出題された頻出問題であり（穴埋めの箇所は毎回違うが）、今後も出題されることが予想できる。常識と照らし合わせて消去法で冷静に対応すれば、比較的容易に正解にたどりつくことができると思われるが、選択肢の中にはどれもが正解となりうるように思わせる語句が並べられているので、試験時間の有効活用とケアレスミス予防のためにも災害対策基本法と気象業務法の第1条の条文は暗記しておくことをお勧めしたい。

予報業務に関する専門知識
解　説

問 1

答：③

解説：

　気象庁が行う地上気象観測では、気圧、気温、(相対)湿度、風向風速、降水量、積雪の深さ、降雪の深さ、日照時間、日射量、雲、視程、大気現象などの観測が行われる。このうち、雲、視程、大気現象は目視による観測、他は地上気象観測装置による自動観測である。

　気圧計によって測定された観測地点における気圧を現地気圧という。地上天気図などに表記して、異なる海抜高度にある観測地点の気圧を比較するためには、定められた高度の値に換算する必要があるが、WMO(世界気象機関)は、この高度を平均海面と定めており、日本国内では東京湾の平均海面をこの基準高度と定めている。この高度への換算を海面更正という。海面更正は、観測点の海抜高度、現地気圧、および日本の下層大気の平均的な気温減率(0.5℃/100 m)を用いて求めた観測点と海面間の層間平均温度から推定した仮温度を測高公式に代入して行う。したがって、文(a)の記述は正しい。

　気温と(相対)湿度のセンサーは、日射や雨風の影響を避けるため、断熱材を挟んだ二重構造の通風筒内に置かれ、筒内には下部からの通風(風速約 5 m/s)がある。この通風筒下部の地上高が 1.5 m である。この筒内の気温が観測点の気温であり、地上天気図上に表記される値である。したがって、「海面更正をした値が地上天気図上に表記される」とした文(b)の記述は誤りである。

　風向は、風が吹いてくる方向で、北を基準に全方位を 16 または 36 に分割して測定する。風速は単位時間に大気が移動した距離として定義され、この移動距離を風程という。平均風向・風速は一定時間内の風向・風速であるが、地上気象観測でいう「平均風向・風速」は観測時刻前 10 分間の平均値である。瞬間風向・風速とは、ある時刻における風向・風速で、瞬間風速の日最大値を日最大瞬間風速、10 分間平均風速の日最大値を日最大風速という。最大瞬間風速と最大風速の比が突風率で、通常は 1.5～2 程度の値になる。また、日平均風速は、当日の 0 時から 24 時までの風程を 86400 秒(24 時間)で割ったものである。したがって、「日平均風速は毎正時の観測値の算術平均値」とした文(c)は誤りである。

　なお、風向風速計は、平らな開けた場所に独立した支柱を建て、地上高 10 m に設置することを基準としているが、周囲の地物の影響を避けるため、より高所に設置せざるをえない場合も少なくない。たとえば、広島(地方気象台)の場合は地上高 95 m である。このため、風の観測値を利用する際には、その設置環境を把握しておくことが重要になる。

　日照時間は、規定値以上の強度をもつ直射日光が地表を照射した時間である。また、可照時間および日照率の定義は文(d)のとおりである。

　降水量は、口径 20 cm の受水器に入った 0.5 mm の降水量で転倒する転倒ますを用いた転倒ます型雨量計で測定される。降水量とは、ある時間内に降った雨や雪などの量で、降水が流れ去らずに地表面を覆ったとき(雪などの固形降水は溶かしたとき)の水深である。また、降水(降雨)強度は単位時間に降った雨や雪の量である。

　雪などの固形降水物が自然に積もって地面を覆っている状態を積雪といい、その深さを積雪深または積雪の深さという(ただし、夏期のひょうや氷あられは積もっても積雪としない)。また、ある時間内に地表に降り積もった固形降水の深さを降雪の深さという。積雪の深さおよび降雪の

深さの測定には、音波やレーザー光を用いた積雪深計や平板上に立てた雪尺が用いられる。

日射量には、直達日射量と全天日射量がある。直達日射は、大気中で散乱、反射されることなく、太陽面から直接地上に到達する日射で、直達日射量は太陽光線に垂直な面で受けた直達日射エネルギー量である。全天日射は、直達日射、天空の全方向から入射する散乱日射および雲からの反射日射を合わせたもので、全天日射量は水平面で受けた全天日射エネルギー量である。

視程は、地上付近の大気の混濁の程度を距離によって表したもので、目標を認めうる最大距離である。視程が方向によって異なる場合は、最小の距離を採用する。

よって、本問の解答は「(a)と(d)が正しい」とする③である。

問2

答：④

解説：

晴天時、電波(1.3 GHz)が大気から散乱されるのはブラッグ散乱による。したがって、文(b)のレイリー散乱は誤りで、正しくはブラッグ散乱である。降水による電波(1.3 GHz)の散乱は、レイリー散乱で、したがって文(d)のミー散乱は誤りである。文(a)と文(c)は正しい。よって、本問の解答は「正、誤、正、誤」の組み合わせの④である。

ウインドプロファイラーは、地上から上空に向けて電波を発射し、大気中の風の乱れなどによってブラッグ散乱され戻ってくる電波を受信・処理することで、下限400 mから上限9000 mまでの高度範囲で、300 mごとの高さの風向風速を10分間隔で測定する。ブラッグ散乱は、大気により複雑に屈折した電波が互いに干渉する結果、電波の入射方向に対して特定の方向に電波が強く散乱される現象で、媒質の乱れ(空気中の電波屈折率の不均一)のスケール(乱渦のサイズ)が電波の波長(1.3 GHzの場合は23 cm)の半分のとき180度逆向き(電波送信機の方向)に最大の散乱が起きる。電波をパルス状に発信し、発信から受信までの時間から、風を観測した高度を知る。上空の5方向(鉛直方向と仰角80度で東西南北方向)に電波を発射し、5方向の視線風速(電波受信方向の速度成分)をベクトル演算することにより、東西・南北・鉛直の3成分の風を知ることができる。

こうした観測の原理に基づいて、観測可能な高度範囲や、高度分解能、季節による観測可能な高度範囲の変化、降雨時と晴天時のデータの質の相違などが決定されてくるので、データを利用する者は観測の原理を理解しておくことが重要である。周波数1.3 GHzの電波では、理論上は晴天時約9000 mまでの観測が可能といわれるが、ブラッグ散乱は大気中の水蒸気量に大きく依存するので、乾燥しやすい5000 m以上の高度ではデータの取得率が悪くなる。また、気温が高い夏は、水蒸気量が多いので、冬より高い高度まで観測でき、夏は高度6〜7 km、冬は3〜4 kmまで観測できる。降雨時は、雨粒によってレイリー散乱された電波の方が大気に散乱された電波より強いため、ウインドプロファイラーは雨粒の動きを観測することとなり、雨粒は大気の流れに乗っているので、雨粒の動きから風向風速が観測できる。この場合、雨粒の存在する高度(最大7〜9 km)までの観測が可能となる。

問3

答：⑤

解説：

気象庁では、現在、国内の主な空港(新千歳、羽田、成田、中部、関西、伊丹、那覇)の航空気象レーダーおよび新潟、東京(柏)、仙台、名古屋の気象レーダーについて、ドップラーレーダーを運用中で、今後北海道をはじめ順次、各地の気象レーダーをドップラー化することとしている。

気象レーダーのドップラー化により、雨および風の三次元分布データをまとめて得ることができるようになり、集中豪雨の突風の監視および予測の能力向上が見込まれている。

レーダーはいろいろな仰角でアンテナを方位方向に360°回転させながら電波を発射して、降水粒子によりレイリー散乱された電波を気象エコーとして観測する。送信電波はパラボラアンテナで狭い角度のビームに絞ったうえパルスとして発射する。電波を発してから気象エコーが受信されるまでの時間差と電波速度の掛け算から気象エコー源までの距離がわかり、これに気象エコーが受信される方位角、仰角を測ることにより、気象エコー源の3次元的な位置が特定できる。したがって、文(a)は正しい。またこれに加えて、受信された気象エコーの強度から降水の強さがわかるので、時間的に次々と観測することにより、降水域、降水強度およびそれらの変化のデータが取得できる。したがって、文(b)は正しい。

電波を散乱する降水粒子は風に流されているのでドップラー効果のため、散乱された電波の周波数は送信電波のそれからわずかにずれる。ズレの大きさは風のビーム方向成分(動径風または視線風)に対応する。風がレーダーに近づくよう吹いている方位でビーム方向成分は正、風がレーダーから遠ざかる方位ではビーム方向成分は負になる。こうした、風のビーム方向成分の平面的な分布から、風向や風速が急変化する地域が検出され、シアライン、マイクロバースト、メソサイクロンなどの位置が特定できる。したがって、文(c)は正しい。

こうした観測を行うドップラーレーダーは、通常の気象レーダーに比べ高い感度と分解能などを必要とするため、電波出力もパラボラアンテナも大きくしてある。それでも、なお、風の探知範囲(100 km程度、低高度に限れば200 km程度)は、降雨の探知範囲(300 km程度)に比べ一般に狭くなる。したがって、文(d)は正しい。

よって、本問の解答は「すべて正しい」とする⑤である。

問4

答：④

解説：

　水蒸気画像は、水蒸気による吸収率の大きい(a)波長帯(6〜7μm)で測定した放射量を温度変換して温度の低いところを明るく(白く)、温度の高いところを暗く(黒く)画像化したものである。水蒸気画像の場合は、水蒸気による吸収が支配的なので、画像の明暗は対流圏上・中層(b)の水蒸気の多寡に対応している。上・中層で水蒸気の少ない乾燥した部分は、より下層からの放射量が多く寄与するので温度が高く、画像では暗く見え、暗域と呼んでいる。上・中層で水蒸気の多い湿った部分は、上・中層の水蒸気や上・中層雲からの放射量が多く寄与するので温度が低く画像では明るく見え、明域と呼んでいる。上・中層における水蒸気量が大きく異なる空気塊の境界は明暗域のコントラストが鮮明で、バウンダリーと呼んでいる。バウンダリーは、大気の鉛直方向の運動や水平方向の変形運動により形成される。水蒸気画像でのトラフは400 hPa以上の上層の流れとしてバウンダリーの低気圧性(c)曲率の極大域(暗域が南側に凹)に対応して見られる。発達した低気圧に伴う明域のバルジの北縁近傍で寒気(d)側の暗域に沿って寒帯前線ジェット気流が位置しており、帯状に見られる寒気(d)側の暗域と暖気(e)側の明域の境界付近にジェット気流が対応している。その他、ドライスロットや上層渦なども水蒸気画像で得られる重要な情報である。

　以上のことから、本問の解答となる各空欄に入る語句の組み合わせは④である。

問5

答：②

解説：
　文(a)：非静力学モデルは積雲対流を直接的に予測計算するモデルであり、このため、高度座標の鉛直速度ωの運動方程式を用いる（プリミティブモデルでは、静力学平衡を仮定しており、積雲対流を直接計算しないで、その効果をパラメタリゼーションで数式表現する）。したがって、文(a)は正しい。

　文(b)：pは予測変数の一つである。座標としてはz座標系が使われる。なお、データはp面に換算して出力することもできる。したがって、文(b)は誤りである。なお、予報結果のデータは、p面に換算して出力することもできる。

　文(c)：プリミティブモデルでは、積雲パラメタリゼーションが使われているが、積雲の表現としては不十分である。非静力学モデルでは積雲対流が直接的に計算され、その効果はより正確に評価されるから、大規模循環系も、より正確に予測されるはずである。したがって、文(c)は誤りである。

　文(d)：積雲対流の水平スケールは数kmである。したがって非静力学モデルが積雲対流を正確に計算するためには、数km以下の水平分解能が必要である（粗い分解能でも非静力学モデルは計算できるが、その本来の目的（積雲対流の予測計算）は達せられない）。したがって、文(d)は正しい。

　よって、本問の解答は「正、誤、誤、正」の組み合わせの②である。

問6

答：①

解説：
　文(a)：乾燥大気に対するプリミティブモデルの支配方程式系は
　　　　水平風速のx成分uの運動方程式
　　　　水平風速のy成分vの運動方程式
　　　　静力学平衡の式
　　　　連続の式
　　　　熱力学の式
の計5式である。したがって、文(a)は正しい。

　文(b)：予測変数は、u、v、ω、Z（高度）、Tおよびp_sの6個である（比容αは状態方程式$p\alpha=RT$から求める）。したがって、文(b)は正しい。

　文(c)：したがって、6変数、5方程式であるから、もう一つの条件式が必要である。それは、連続の式$\partial u/\partial x + \partial v/\partial y + \partial \omega/\partial p = 0$を大気全体にわたって鉛直積分し、大気上端で$\omega_0=0$とおく境界条件によって与えられる。この条件から$\omega_s$が決まり、それから$\partial p_s/\partial t$が求まる（つまり、$p_s$の予測値が求まる）。$p_s$の予測値が求まれば静力学平衡の式から$Z$の予測値が求まる。したがって、文(c)は正しい。

　文(d)：プリミティブモデルは静力学平衡を仮定しているから、分解能を増加させても、浮力で駆動される積雲対流は現れない。したがって、文(d)は誤りである。

　よって、本問の解答は「正、正、正、誤」の組み合わせの①である。

問7

答：①

解説：
　気象観測データには、時刻と場所を決めて行う定時観測（地上気象観測、高層気象観測）による

ものと、任意の時刻や場所(固定点の場合もある)で行う非定時観測(気象レーダー観測、気象衛星観測、商用航空機観測など)によるものに分けられる。よって、文(a)は正しい。

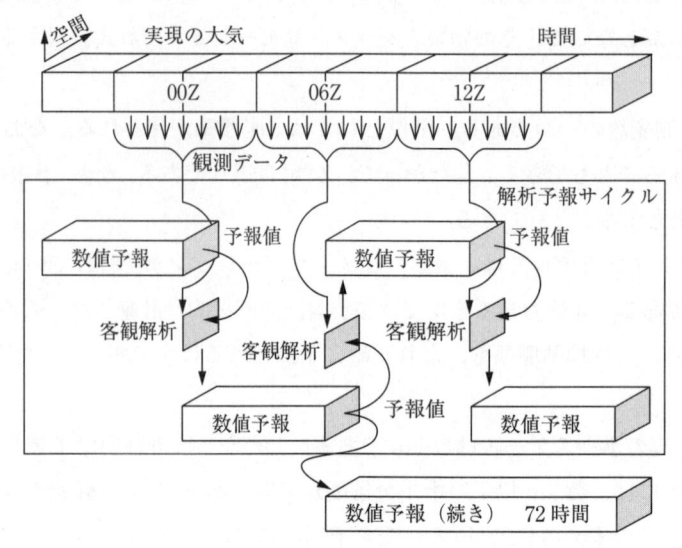

図10 解析-予報サイクル
(万納寺信崇(1994):「数値予報モデル」数値予報課報告、No. 41)

解析-予報サイクル(図10)においては、頻繁に予報と解析をくり返しながら少しでも多くの非定時観測データをリアルタイムに取り入れることによって、データ空白域を埋めるとともに予報値が運んでくる上流の観測データも活用している。よって、文(b)は正しい。

初期値化とは、客観解析した初期値(自然界の大気の状態の近似的表現)が数値予報モデルという人工的自然の大気と力学的に整合のとれた、バランスした気象場となるように補正する操作である。初期値化を行わない場合には、図11に示すようにアンバランスによるノイズ(雑音)(主として慣性重力波など)が発生し、予想図のパターンがギザギザとなる。時間がたつと、摩擦などの作用でそれらのノイズがやがて減衰するが、そうなるまでの数時間乱れたパターンが残る。よって、文(c)は正しい。

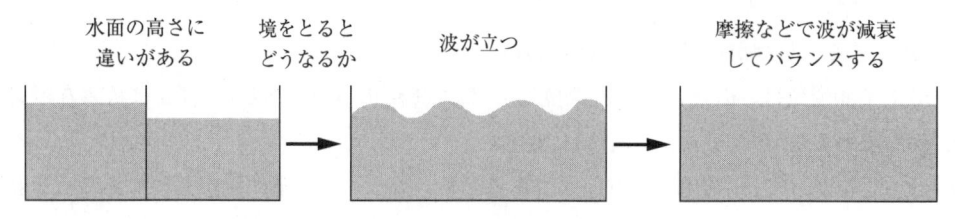

図11 アンバランスからノイズが生じることを示す模式図

プリミティブモデルも、気象学的波動のほかに慣性重力波を予報対象としているので、初期値化が必要である。よって、文(d)は誤りである。

解析-予報サイクルでは、現在4次元変分法が用いられている。したがって、データ同化と同時に、予報をくり返して予報モデルになじませることによって初期値化の効果も期待される。よって、文(e)は正しい。

したがって本問の解答は、「正、正、正、誤、正」の組み合わせとする①である。

問8

答:②

解説:

気象庁は平成19(2007)年4月から、台風情報の内容を改善・充実し、台風の進路予報図の表示もより見やすい表示に変更した。本問は、この最新の台風情報に関するものである。

文(a)は、「日本付近に台風がある場合には、3、6、9、15、18、21時間先の予報も発表される」追加処置が述べられていないので誤りである。

文(b)は、「台風に発達すると予想される熱帯低気圧」に関する情報の充実であり、正しい。

文(c)は、「災害との関連が強い」といわれている「最大瞬間風速」も、10分平均の最大風速に加えて発表されるので誤りである。

文(d)は、暴風警戒域の円の重なりがなくなるように、予報時刻ごとの暴風警戒域の円に代えて表示されるもので正しい。

よって、本問の解答は「(a)と(c)が誤り」とする②である。

問9

答：③

解説：

天気予報ガイダンス(ふつう「ガイダンス」と略称されることが多い)は、天気予報を行ううえで利用価値の高い予報資料であるが、利用する際の留意点をよく理解しておくことが重要である。

ガイダンス作成の目的には、大別して次の2つがある。

(1) 数値予報結果と実際に観測される気象要素(天気要素)の間の系統的な誤差を軽減すること。

(2) 数値予報で直接予測されない天気予報の要素(確率予報など)を求めること。

文(a)は、降水確率ガイダンスは、20km格子で計算されるので、その格子が代表する範囲(当該対象地域内)の平均的な確率を予想している。この範囲に含まれるどの地点でも確率は同じとする前提に立っているので、文(a)は正しい。

文(b)は、現在の数値予報では、個々の積乱雲の発生、移動などの動静を直接予測することはできないので、風ガイダンスもそれを反映して積乱雲に伴う突風やダウンバーストを予測できないわけである。したがって、文(b)は誤りである。

文(c)は、数値予報結果には誤差が避け難いが、それには大別して2種類がある。すなわち、系統的誤差と非系統的誤差である。文(c)は後者にかかわるもので、擾乱の移動の誤差や発達程度の誤差など、ある予報時間に限ってある領域でのみ発生する誤差である。また、降水や積雪など天気現象の予想が外れることがある。ガイダンスはあくまで数値予報結果が正しいとして計算されるので、こうしたランダムに発生する非系統的誤差を補正することはできないので、文(c)は誤りである。

文(d)は、数値予報結果は、格子点値(GPV)として出力されるが、これをそのまま格子点近傍の観測地点の値とすることはできない。その理由は次のとおりである。

(ア) 格子点の位置が、観測地点の位置とは一般に一致しない。

(イ) GPVは特定の点での値として表現されるが、実際はモデルが用いる格子間隔の大きさに応じたある広がりをもった範囲内の平均の値である。

(ウ) 数値予報モデルに採用されている地形は、格子間隔に応じて平滑化された地形であり、それは当然実際の地形とは異なっている。

その結果ある観測地点の気温などの観測値は、近傍のGPVと比較すると必ずある誤差をもつことになる。これが系統的誤差である。この系統的誤差の方は、統計的な手法で軽減することが可能であり、そのことがガイダンス作成の重要な目的の一つである。したがって、文(d)は正しい。

よって、本問の解答は「(b)と(c)が誤り」とする③である。

問10

答：③

解説：

これは週間天気予報作業における基本場の理解について問う問題である。

週間天気予報では1週間先までの毎日の天気や気温を予報しなければならない。そこで予報資料としては総観規模の高気圧や低気圧・前線の振る舞いをみるための日別の天気図、あるいは各種ガイダンスなどが検討の中心となる。さらに1週間という期間の天候について考えるわけであるので、過去1週間程度の循環場や天候の推移も把握し、今後1週間程度の平均的な循環場を把握しておく必要がある。そのようにある期間のベースとなる大気の流れや天候の推移を把握するために、本問で扱うような平均天気図を用いた基本場について理解する必要がある。

基本場を理解するためには、5日平均の北半球500 hPa 高度・高度偏差図を解析する。週間予報作業の資料として気象庁から「週間予報支援図」が提供されており、その中に図12のような北半球500 hPa 高度・高度偏差図の実況（左側）と予報期間（右側）のそれぞれ5日平均図が掲載されている。図には等高度線および平年との違いをみるための高度偏差が示されている。偏差図で縦線をつけた部分は平年よりも高度が低い（気圧が低い）領域であり、白抜きのところは平均より高いところである。

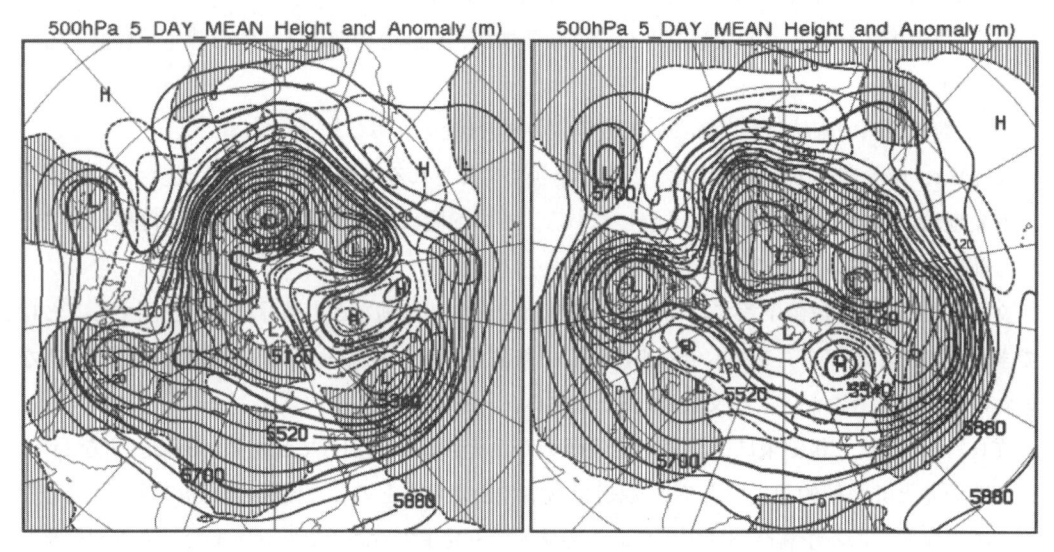

図12 北半球500 hPa 5日平均高度・高度偏差図（気象庁「週間予報支援図」より）
左の図は2007年3月13〜17日、右の図は18〜22日のそれぞれ5日平均図。

基本場の見方としては、はじめに大規模な気圧の谷の位置に着目する。谷が日本付近にあるのか、日本の西の方にあるか、あるいは東の方にあるかが天候ベースに大きく関係する。気圧の谷が日本の西方（大陸東岸付近）にある場合を西谷場という。このとき日本付近では南西の流れが卓越して、南からの暖かく湿った空気が流れ込みやすくなり、日本付近では曇りや雨の天気が多く、降水量も多くなることが予想される。これとは逆に日本の東方に気圧の谷がある場合は東谷場という。このとき日本付近では北西の流れが卓越し、低気圧はあまり発達しない。東谷場になると冬は西高東低の冬型の気圧配置が現れやすくなり、日本海側で大雪となり太平洋側では乾燥した晴天が続くことが予想される。

図12は2007年の3月中頃の5日平均図であるので、まだ冬の循環場が残っているときの状態である。左側の実況では日本付近は顕著な東谷の場となっているのでこの期間、日本付近には寒気の流れ込みが続いていた様子がうかがえる。右側の予報期間についても引き続き東谷場となっている。このことから、向こう1週間も冬型気圧配置が続き、寒気の流入が持続することが予想

される。

さて問題である。上述のように気圧の谷が日本の西方（大陸東岸付近）にあるので、基本場としては西谷場ということになる。したがって、文(a)は正しい。西谷場のとき日本付近は曇りや雨の天気が多くなり、降水量も多くなることが予想されるので、文(b)は正しい。冬の場合、東谷場のときは西高東低の気圧配置が現れやすくなるが、冬型気圧配置のときの天気は日本海側で雪、太平洋側では乾燥した晴天となるのがふつうである。「全国的に乾燥した晴天が続く」と記述している文(c)は誤り。次に問題の図では北緯30度付近を中心にはっきりした気圧の谷がみえる。まさに大陸東岸に気圧の谷ができている典型的な西谷場を示しており、この期間の天気は曇りや雨の日が続いたと判断されるので文(d)は正しい。

よって、本問の解答は「(c)のみ誤り」とする③である。

問11

答：⑤

解説：

アンサンブル予報はわずかに違った多数の初期値をもとに数値予報を行い、その結果を統計的に処理することで予報精度を向上させるとともに、予報精度の予報や確率的な予報を行うことができる。ここで多数の数値予報のそれぞれをアンサンブルメンバーといい、これらを算術平均したのがアンサンブル平均予報である。個々のアンサンブルメンバーにはランダムな誤差が含まれているので、それらを平均することにより誤差は打ち消しあい、単独予報に比較して予報の精度は向上することになる。したがって、文(a)、(b)は正しい。

スプレッドはアンサンブル予報を構成している個々のアンサンブルメンバーのばらつきの程度を示す指標であり、アンサンブル予報の結果を解釈する際の重要な情報である。この大きさにより予報の不確定性に関する情報を得ることができる。大気がもっているカオス的性質のため初期値に含まれる微小な誤差が時間とともに増大していく。この誤差が増大していき、ある時間経過後には予報が有効でなくなるが、この予報が有効でなくなる時間はそのときの大気の状態によって異なる。大気の力学的安定性が悪いときの初期値をもとに数値予報を進めると、初期値に含まれる小さな誤差が時間の経過とともに急速に増幅し、ある時間後には個々のアンサンブルメンバーの間の予報は大きくばらつきスプレッドが大きくなる。一方、大気の力学的安定性がよいときは、時間が経過しても誤差はあまり増幅せず、個々のアンサンブルメンバー間の予報もあまりばらつかずスプレッドは小さな値となる。つまりスプレッドが小さいということは、対象としている大気の状態が数値予報にとって比較的安定していることを意味し、予報の信頼度は高いと判断する。逆に、スプレッドが大きい場合には、個々のアンサンブルメンバーの初期値に含まれるわずかな違いで予報の結果が大きく異なることになり、その予報の信頼性は低いと判断する。

スプレッドの空間分布図を解析することにより、どの領域でスプレッドが大きいか、あるいはどのような要因でスプレッドが大きくなっているかを判断することができる。また、スプレッドが大きくなっていることが何に起因するのかということがわかる。たとえば、各アンサンブルメンバー間でジェット気流の予想にばらつきがあることが原因なのか、あるいはブロッキング高気圧の予報などがうまくいっていないためなのかなどを判断することができる。そのような情報は最終製品としての発表する段階で予報に反映させることができる。またスプレッドの時系列変化を調べることで、予報の信頼度が予報期間内でどのような変化をしているか、あるいは4週間平均値はどの程度の信頼度があるかを知ることができる。

スプレッドは、アンサンブル平均を基準とした個々のメンバーの予報誤差の2乗平均として計算する。実際の予報作業においては、スプレッドの絶対値の分布をみるよりも、気候値予報の誤

差に比べて、スプレッドが大きいか小さいかが重要な情報となる。このため、気候値の標準偏差で規格化した値を用いている。スプレッドの値が 1.0 というのはアンサンブルメンバー間のばらつきが自然の変動と同じ程度のばらつきとみなされる。一般に時間の経過とともにスプレッドが大きくなり、1 よりも大きくなった時点からの予報結果は信頼性が小さいと判断される。

以上のことからスプレッドの大きさにより予報の信頼度に関する情報が得られる。したがって、文(c)、(d)は正しい。

よって、本問の解答は「すべて正しい」とする⑤である。

問 12

答：②⑥⑦

解説：

本文は、通常の五択問題の枠を拡大して九択としているが、内容的には状態曲線図、ウインドプロファイラー図、地上天気図間の整合性を問う問題として、予報支援資料の読み取りという重要な判断力を問うことに変わりはない。問題作成の趣旨を理解して、形式にとらわれず、実力の養成と発揮を目指していただきたい。

A欄　1

この状態曲線の特徴は、地上から 900 hPa まではやや湿って、北東風が吹いている。しかし、900 hPa 付近で顕著な逆転層があり、露点温度が急激に下がり乾燥した大気となっている。沈降性逆転の特徴を示している。風も北風から北西風に変化している。上空に向かって反時計回りで、温度風の関係から寒気移流の場となっている。相当温位は下層で低く、高度とともに高くなっている。以上から、ポイントは寒気移流の高気圧場となる。

2

ここでは、相当温位の分布に特徴がある。すなわち 870 hPa 付近より下層では、下層ほど相当温位が高く、1000 hPa では 350 K となっている。暖湿気流が入り、対流不安定な場である。状態曲線は 850 hPa 付近に逆転層がありその上空は、露点温度が下がり、やや乾燥している。風向は、東または東南東で、下層から上層まで変化しない。同一気団内の特徴を示している。ただし、風速は安定層より下層で 10 m/s 以上とやや強く、安定層より上空は、いったん弱まりその後緩やかに強くなるが、風速は最大 20 m/s と弱いのが特徴である。

3

この事例では、下層から上層までほぼ、全層で湿っているのが特徴である。風は 870 hPa 付近の逆転層より下層北西、上層では南西で、高度とともに風速が強まり 200 hPa では 50 m/s 以上となっている。相当温位は逆転層より下層で急激に低くなり、逆転層を境にやや下がりその後ほぼ一定、600 hPa より上空は緩やかに上昇している。

B欄　a

地表付近の風の変化を見ると、20 時頃まで南より 40 ノットから 50 ノット（20 m/s から 25 m/s）の強風が吹き、その後北西風に変わり、北西風の高度が時間とともに高くなっている。21 時頃は 5000 ft（1500 m、850 hPa）付近にシアーがある。寒冷前線通過の特徴である。

b

地上付近の風向が北北東、2 km から 5 km の高度は少ない観測値しか得られていないが北西風、5 km より上空も北西風であるので、上層がリッジ場であることが推測される。2 km より上空は観測値が少ないことから乾燥した大気で、データが取れなかったことが想定される。

c

各層とも東または南東の風で風向シアーが少なく、同一気団内の現象とみられる。9 時のデー

タを詳細に見ると3kmより下層は、時計回りの変化をして暖気移流とみられる。3kmから6kmは風速が弱いのも特徴で、中緯度帯の偏西風場のように対流圏上層ほど風速が強くなる場と異なった特徴を示している。

C欄　ア

前線を伴った低気圧が、西日本の沿岸を通過中である。鹿児島は、この直前に寒冷前線が通過したと考えられる。

イ

西高東低の冬型の気圧配置である。鹿児島は高気圧場になっているが北よりの季節風の強いことが予想される。

ウ

台風が日本の南西海上にあり、西日本(鹿児島付近)は太平洋高気圧の縁辺になっている。

以上の特徴を結びつけると、A欄1は、沈降性逆転の高気圧場で、上空北西強風のb、天気図は冬型のイとなる。A欄2は、暖湿気流の流入が顕著で、東、または南東風が卓越し、下層暖気移流のc、天気図は太平洋高気圧の縁辺にあたるウとなる。A欄3は、逆転層の上空も湿っており、寒冷前線通過後の特徴を示しており、顕著なシアーがあるa、天気図はアとなる。

A欄	B欄	C欄
1	b	イ
2	c	ウ
3	a	ア

よって、本問の解答は、②、⑥、⑦である。

問13

答：④

解説：

降水短時間予報の仕組みについての設問である。仕組みの詳細にこだわることなく、その作業の流れを把握し、どのようなデータに基づき、どのような降水システムを表現できるのかを理解し、降水短時間予報のプロダクトをその限界を把握した上で適切に利用することが、気象予報士には求められている。この問題文の正答を埋めて読み返せば、降水短時間予報の仕組みについての概説になっている。ここでは、その利用に当たっての注意事項を中心に問題文の補足を行っておく。本問の解答は、この中で与えられることになる。

降水短時間予報における初期の降水分布として用いられる降水量データは、気象庁が独自に展開したアメダス観測網に基づく雨量計による観測値および全国をカバーする気象庁のレーダー観測のデータのほか、自治体の設置する雨量計や国土交通省のレーダーによるデータであって、これらを総合的に解析したものを「解析雨量」と称して、降水短時間予報の初期降水分布として用いている。雨量計は直接雨量を測定するので精度は良いものの、地形によっては代表性に問題が残るおそれがある。また雨量計の設置されていない山岳地などの部分にデータの空白域ができて降水短時間予報の精度に影響を与える。そこで精度は雨量計に劣るものの面的に広範な領域をカバーできるレーダーを併用することで、全国をカバーする均質な降水量データを得ることができる。従来の「レーダー・アメダス解析雨量」は、気象庁のレーダーとアメダスによるデータだけを統合したものであったが、最近はレーダーの分解能の1km化や気象庁以外のデータの利用(自

治体設置の雨量計データのオンライン化や国土交通省のレーダーの利用)が進み、2006年から新たにより一般的な「解析雨量」として改善された雨量データが用いられている。

降水短時間予報システムの2つの柱は、①実況補外型の予測システム、②メソ数値予報モデルである。①は、現状の降水域を過去の進行速度を参考に移動させる補外技術がベースとなっており、いわゆる運動学的方法と呼ばれる予測法である。これはあくまで現状の降水域が基本であって、擾乱の活動に起因するような新たな降水域の生成や移動・衰弱には対応していない。ただし、地形による降雨の変動には対応しており、その効果を表すような降水量の増減は含まれている。②は、力学的・物理学的な過程が含まれている数値予報モデルの一つであり、気象擾乱に伴う降水量の増減が予想できる。また、2006年春にメソ数値予報モデルの高分解能化が行われ、これまでの10 km格子から5 km格子に精細化した。これによって数十km程度のメソスケールの規模の擾乱に伴う降水域が表現される可能性がある(モデルが十分表現可能なスケールは格子間隔の5～8倍程度とされる)。したがって、十数km程度の規模の積乱雲であっても、直接完全に表現される訳ではないが、前線の活動に伴うような規模のやや大きい擾乱に伴う降水域は予測できる可能性がある。したがってこれによる降水域の生成・発達・衰弱などは表現されていることがある。実際の降水短時間予報は、この①と②から得られる予測結果を最適の結合比率によって結合させたものである。

これらにより、現在の降水短時間予報利用の注意点を下記に示す。

(1) 大規模な擾乱に伴う降水量予測の信頼性は高いが、十数km程度の小さいスケールの急激に発達したり衰弱したりする擾乱に伴う降水量変動には対応できないと考えるべきである。

(2) 予報時間の前半では実況補外予測の結果が大きな比率を占めており、地形性降水は考慮されているが大規模な雨域と小さな強雨域が混在するなど複雑な降水域の場合には、移動ベクトルの設定が困難な場合がある。

(3) 予報時間後半に関しては、メソ数値予報の結果が大きな比率を占め、降水域が急に広がったり、強雨域の予想が不十分であったりする。

本題の降水短時間予報は、以上述べたように現在の予測手法の最前線を担っており、その信頼性は、基本となる雨量観測の展開、手法の高度化、数値予報モデルの改善に大きく影響されている。したがって、現状の観測システムや予報システムの動向について、気象庁のホームページなどを参照して、常に新しい情報を得ておく必要がある。

以上のことから、本問の解答は④である。

問14

答：①

解説：

大雨のときには、様々な防災情報が発せられる。この防災情報は、気象庁のみが発するものだけでなく、気象庁以外の国の機関や地方自治体も関与する場合がある。防災情報の信頼性の把握やそれを迅速な防災行動に生かすためには、その情報の発表主体の見極めや内容および伝達経路の理解が重要である。本題は、気象庁の発表する注意報・警報に限らず、大雨時に発表される防災情報の内容を問うものである。

文(a)は、気象庁の発表する記録的短時間大雨情報がどのような場合に発表されるかについて述べたものである。気象庁は全国に凋密な雨量観測点をもち、その1時間雨量はオンラインによって迅速に取得できる。これにより、大雨警報発表時に細分区ごとにあらかじめ設定してある基準雨量を超えた場合には、直ちにこの記録的短時間大雨情報を発表することになる。そのキーワードは「数年に一度の大雨」である。これは、基準雨量設定時にその予報細分区(府県予報区をさ

らに分割）における過去1位または2位の記録を参考としているからである。ところで、これは雨量計によって実際の雨量を観測したときだけではなく、レーダーによって観測されたものを解析して雨量に換算したものも対象となっている。したがって、雨量観測地点の少ない山岳地などでも、レーダーによる観測を利用することで、突発的な出水に備えることができる。記述の中で「観測したときのみ」という表現が誤りである。

文(b)は、地震の被災地では地震動で地盤が緩んでいる場合があり、そのようなときには、通常の大雨注意報や警報の基準に至らない降雨量でも斜面が崩壊したりする。そのため、気象庁は地元自治体と協議のうえ、災害の恐れがなくなるまで暫定的に大雨注意報・警報の基準を下げ、注意・警戒を呼びかける。これと同趣旨の設問が第21回（平成15年度）および第22回（平成16年度）にも出されている。近年の活発な地震や火山活動を反映していると考えられる。したがって、この記述は正しい。

文(c)は、現在（平成19年度）進行中の新しい防災情報を扱っている。この土砂災害警戒情報は、気象庁と都道府県が共同で土石流や急傾斜地の崩壊が集中する恐れのあるときに発表するもので、実際の運用は今はまだ一部の府県に留まっているが、平成19年度末までに全国で運用開始となる予定である。したがってこれまで試験問題として出題されてこなかったが、重要な防災情報であることから近々出題されるようになるであろう。なお、警報の重要変更とは災害の危険性が過去数年で最も高くなったときに行われる警報内容の変更で、土砂災害警戒情報が発表されればそれに代えることができるのでこの場合警報の重要変更は行わないことになっている。詳細は気象庁のホームページに掲載されている。したがって、この記述は正しい。

文(d)は、洪水に関する防災情報で、これまで2、3回に1回程度の割合で出題されている比較的出題頻度の高い事項である。水防法による指定河川では、国土交通省や都道府県などによる水位や流量の観測が行われている。これらの河川では流域の降水量や融雪量などと河川の出水の関係が確立されていて大雨後の河川の水位の変化が予想できるため、この指定河川については予測される降水量のほかに水位または流量を示して洪水に関する注意報や警報を発表している。したがって、この記述は正しい。

以上によって、本問の解答は「(a)のみ誤り」とする①である。

問 15

答：③

解説：

この問題は、いわゆるコスト/ロス—モデルによる確率予報の応用である。コスト/ロスについての出題は第19回（平成14年度）に初めて出題され、その後第26回（平成18年度）にも出題された。比較的新しい視点での出題であり、今後もこの種の出題は継続されていくと思われる。

本題ではあえて「コスト/ロス」の語句は用いなかったが、確率予報の利用の仕方を考えるため、できるだけ具体的な事例を挙げて設問とした。暴風確率は、台風情報の改良の一環として今後「暴風域に入る確率」が充実していくであろう。それを念頭において、ここでは確率予報の一種として取り上げてある。モデルとしての取り扱い上、確率の本来概念である同じ確率予報が十分多数回発表されればその割合だけ実際の現象の発生があることが前提となるので、「十分な精度がある」ことを前提とした。

その上で、本例ではいわゆるコスト（対策を講ずるための費用）は雇い人の賃金と材料費を合わせた5万円であり、ロス（対策をしなかったときの損失額）がビニールハウスの被害額12万円と設定した。

定義により、暴風確率$P(\%)$の場合、Pと予報された100回のうちP回だけ実際に暴風に見舞

われることになる。対策を取らなければ$P \times 12$万円の被害を受けることになる。一方、確率Pと予報されたときに、すべて対策を取れば100×5万円のコストがかかることになる。したがって、経済的に許される条件は、

$$P(\%) \times 12 > 100 \times 5$$

である。

これから$P(\%) > 42$を得る。

今、発表される確率が10%刻みであるから、50%以上の暴風確率が発表されたときに対策を取れば、経済的であることがわかる。

なお、上記を一般化すれば、コストをC、ロスをLと表記すると、上の条件は、

$$P(\%) > \frac{100 \times C}{L}$$

となる。

以上によって、本問の解答は「50%」とする③である。

実技試験1　解答例

問1　〔1点×20＝20点〕
① 1008　② 北東　③ 予報円　④ 600
⑤ 30　⑥ 55　⑦ 暴風　⑧ 温暖前線
⑨ 寒冷前線　⑩ 濃霧　⑪ 0.3
⑫ 気圧の谷（トラフ）　⑬ 気圧の尾根（リッジ）
⑭ 暖気　⑮ 50　⑯ 上昇　⑰ −94
⑱ 28（29でも可）　⑲ 寒気　⑳ 下降

問2

(1)　〔1点×6＝6点〕
① −8　② 北東　③ 30　④ −16　⑤ 北北東
⑥ 20

(2)　〔2点×2＝4点〕
① 850 hPa 面における前線：

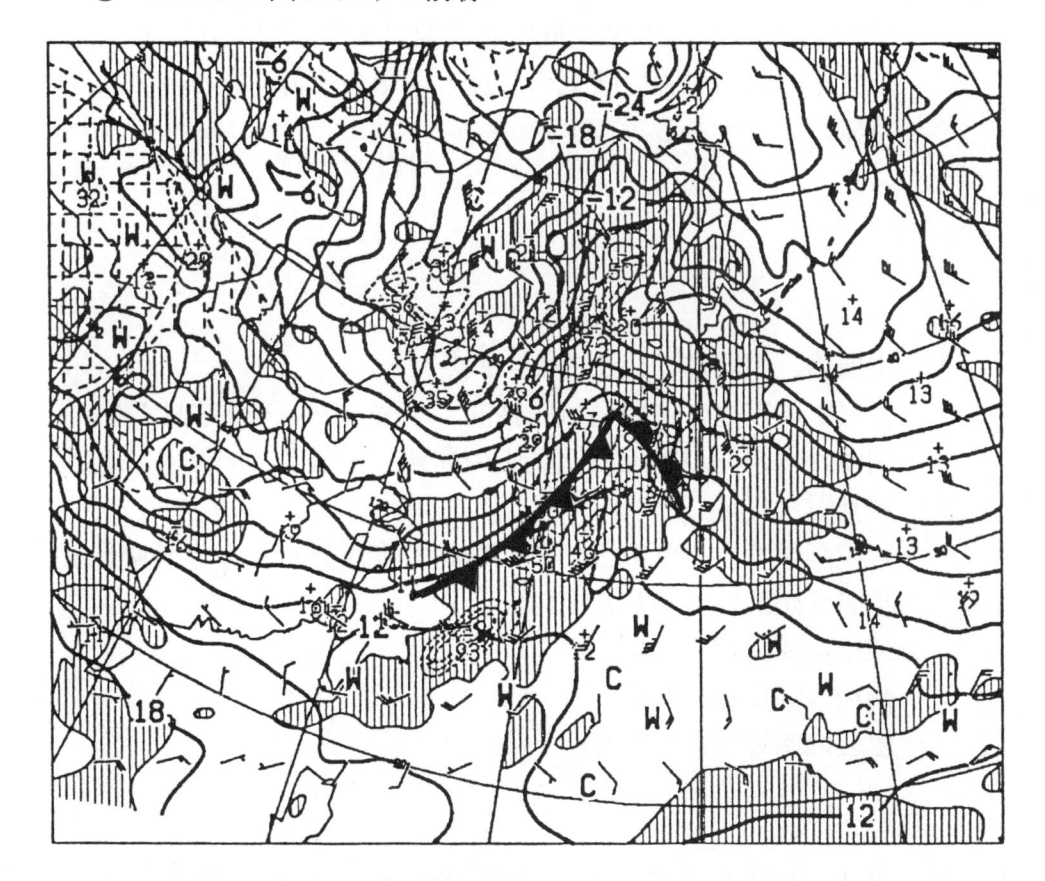

② 地上の前線：

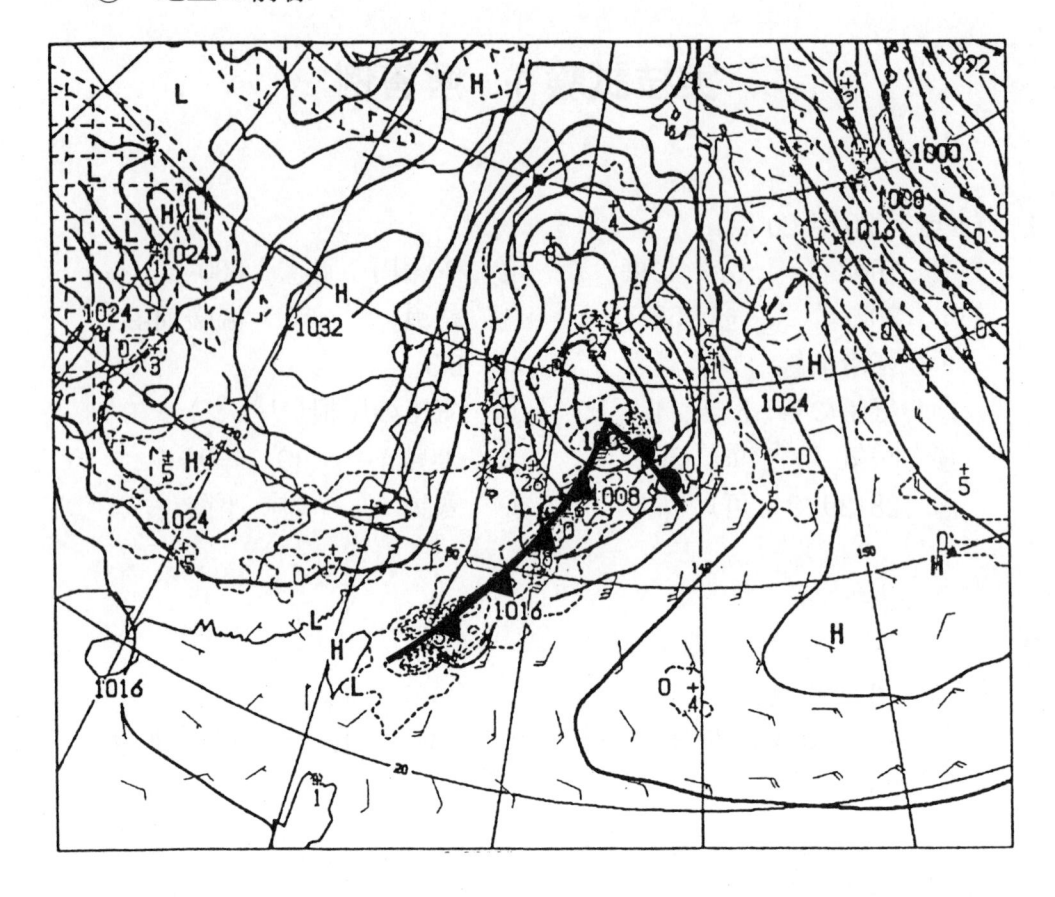

(3) 〔3点×2＝6点〕
① 500 hPaのトラフが地上低気圧の西にある。(22字)
② 低気圧の前面で強い暖気の移流と暖気の上昇、後面で寒気の移流と寒気の下降がある。(39字)

問3

(1)
① 上層雲、中層雲〔1点×2＝2点〕
低気圧の発達に伴い高気圧性曲率が強まる。(20字)〔2点〕
別解：バルジが明瞭で低気圧の発達を示唆している。(21字)
② 積乱雲〔1点〕
可視画像で白く厚い雲で、団塊状で影が見られ、赤外画像で白く雲頂温度が低い。(37字)〔3点〕
寒冷前線付近〔2点〕
③ 高相当温位域〔2点〕
雲域の南縁付近〔2点〕

(2)
① 帯状の暗域が南下して低気圧性曲率が強まり、気圧の谷が深まっている。(33字)〔3点〕

② 上・中層の低気圧性渦〔1点〕

問4

(1) 〔2点×3＝6点〕
 (a)：14日21時(12UTC)
 (b)：14日9時(00UTC)
 (c)：13日21時(12UTC)

(2) 〔2点×3＝6点〕
 (a)：寒冷前線の後面
 (b)：暖域内
 (c)：温暖前線の前面

(3) 〔2点×2＝4点〕
 (a)：沈降(性)逆転
 (c)：前線性逆転(移流逆転)

(4) 北側〔2点〕

(5) 30%〔2点〕

問5

(1) 13：50～14：00〔2点〕

(2)(3) 〔2点×6＝12点〕
 12時：

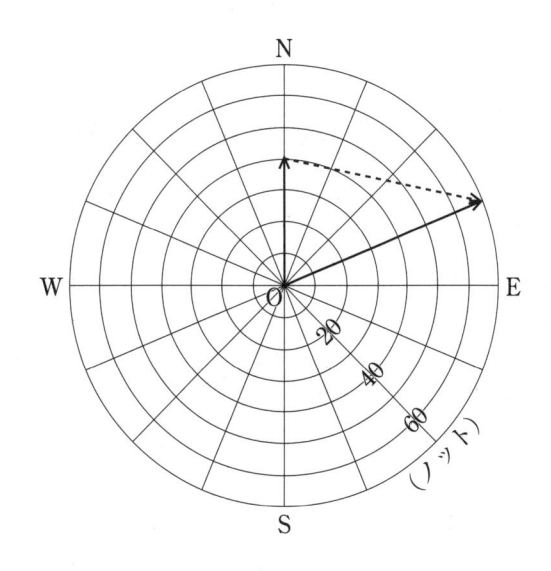

15時：

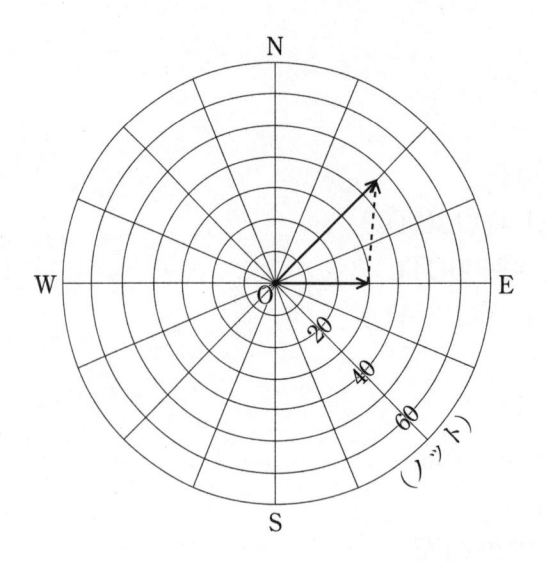

18時：

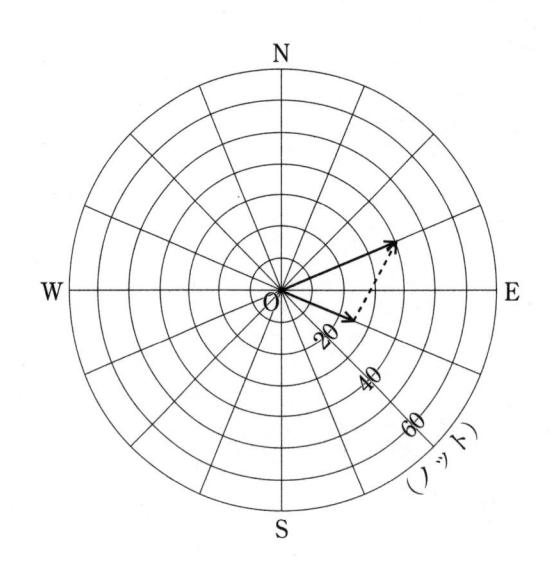

(4) 〔2点×3＝6点〕
　　1. 12時　　2. 15時　　3. 18時

(5) 〔2点×3＝6点〕
　　1. 12時、暖気　　2. 15時、寒気　　3. 18時、寒気

実 技 試 験 1
解　説

　日本海を発達しながら北東進する典型的な日本海低気圧に関する問題で、ここでは特に寒冷前線に関した総観的な観点に立った問題となっている。

問1
　初期時刻における気象状況を把握することが、今後の推移をみていくうえで、極めて大事で基本的なことでもある。
　問題文図1の地上天気図で、日本付近の天気に大きく影響する黄海の低気圧に着目する。中心気圧は（① 1008）hPa で、この時点ですでに〔SW〕つまり「海上暴風警報」が出されている。海上暴風警報が発表された場合は、その内容は図中に表示されている。すなわち、

　　DEVELOPING LOW
　　1008 hPa
　　35N 126E
　　EAST 30 KT
　　EXPECTED WINDS 30 TO 55 KT
　　WITHIN 600NM OF LOW
　　FOR NEXT 24 HOURS

ここで、注意しなければならないことは、警報文の中に記述されている "EAST 30 KT" は、過去6時間の移動であって、今後24時間の予想移動方向・速度ではないことである。今後24時間の予想移動方向は、（③予報円）に示されているように（②北東）である。低気圧中心から600NM の NM、すなわち、nautical mile は海里で、（④ 600）海里以内では（⑤ 30）ノットから（⑥ 55）ノットの最大風速が予想されるために、海上（⑦暴風）警報が発表されている。
　"FOR NEXT 24 HOURS" とあるように、現在は低気圧に関する暴風警報の基準である48ノット以上の最大風速が吹いていないが、今後24時間以内にその可能性があるということである。低気圧中心から東南東に延びる（⑧温暖前線）と南西に延びる（⑨寒冷前線）がそれぞれ解析されている。
　FOG〔W〕は、海上濃霧警報で、（⑩濃霧）により現在の視程が（⑪ 0.3）海里未満か今後24時間以内にその可能性がある場合に発表される。この場合、1海里は1852 m だから、0.3海里未満はおよそ500 m 以下となる。
　500 hPa 高層天気図（問題文図2）では、中国東北部にある低気圧と黄海の低気圧に対応して深い（⑫気圧の谷（トラフ））が中国東北部から渤海に延びている。対照的に、この谷の前面にあたる日本海からアムール川中流域にかけて（⑬気圧の尾根（リッジ））が強まっている。
　850 hPa 気温・風、700 hPa 鉛直 p 速度（上昇流）解析図（問題文図3）で、東シナ海から西日本にかけては気温の尾根場になっており、南西風による（⑭暖気）の流入が顕著で、低気圧前面にあたる対馬付近では、最大（⑮ 50）ノットの南西風が解析されている。低気圧周辺では広く鉛直 p 速度のマイナス域、つまり、（⑯上昇）流域となっており、朝鮮半島南部では極値（⑰ −94）hPa/h の鉛直 p 速度が計算されている。鉛直速度 (w) と鉛直 p 速度 (ω) との関係は、近似的に $\omega \approx -\rho g w$ で、700 hPa レベルでの標準大気の密度 (ρ) と重力加速度 (g) は、それぞれ 0.909 kg/m³、9.80 m/s² なので、これから 1 hPa/h = −0.31 cm/s ≒ −0.3 cm/s となり、$(-94) \times (-0.31) = 29.1$

≒(−94)×(−0.3)＝28.2 で、およそ(⑱28 または 29)cm/s の(⑯上昇)流となる。一方、低気圧の後面では北西風に伴って(⑲寒気)が流入し、鉛直 p 速度の＋(プラス)域、つまり、(⑳下降)流域となっている。

問2

低気圧の発達過程を予想図から読み取る基本的な知識を問う問題である。

(1) 初期時刻から 12 時間後、24 時間後の低気圧の中心気圧、移動方向・速度を前 12 時間の変化について考える。初期時刻の 13 日 21 時(12UTC)に黄海にある低気圧の中心気圧は 1008 hPa で、12 時間後は日本海中部にあって、中心気圧は 1000 hPa、24 時間後は日本海北部にあって、中心気圧は 984 hPa なので、T＝00〜12 の変化量は−8 hPa、T＝12〜24 の変化量は−16 hPa となる。したがって、初期時刻から 12 時間後より、24 時間後の方が発達することが予想されている。

移動方向は、16 方位とあるので、各 12 時間の方位を読み取ればよい。T＝00〜12 では北東、T＝12〜24 では北北東となる。

移動速度は緯度 10 度が 600 海里なので、問題文図 4(a)から低気圧近傍の緯度 10 度の長さ(a)を求めると、a＝26 mm となる。12 時間の間の低気圧間の長さ(b)を測り、その長さがどのくらいの距離(x)になるかを求めると、距離 x を 12 時間で移動することから、移動速度($x/12$)が求まる。つまり、600：a＝x：b で、x＝600×b/a(海里)となり、$x/12$ が移動速度となる。T＝00〜12 の場合には、a＝26 mm、b＝16 mm なので、x＝369(海里)で、369(海里)/12(時間)＝30.8(ノット)となる。10 ノット単位で答えればよいので、30 ノットとなる。T＝12〜24 の場合には、a＝26 mm、b＝11 mm なので、x＝254(海里)で 254(海里)/12(時間)＝21.2(ノット)となる。10 ノット単位で答えればよいので、20 ノットとなる。

(2) 12 時間後の 14 日 9 時(00UTC)における低気圧に伴う前線を解析する問題で、前線解析は

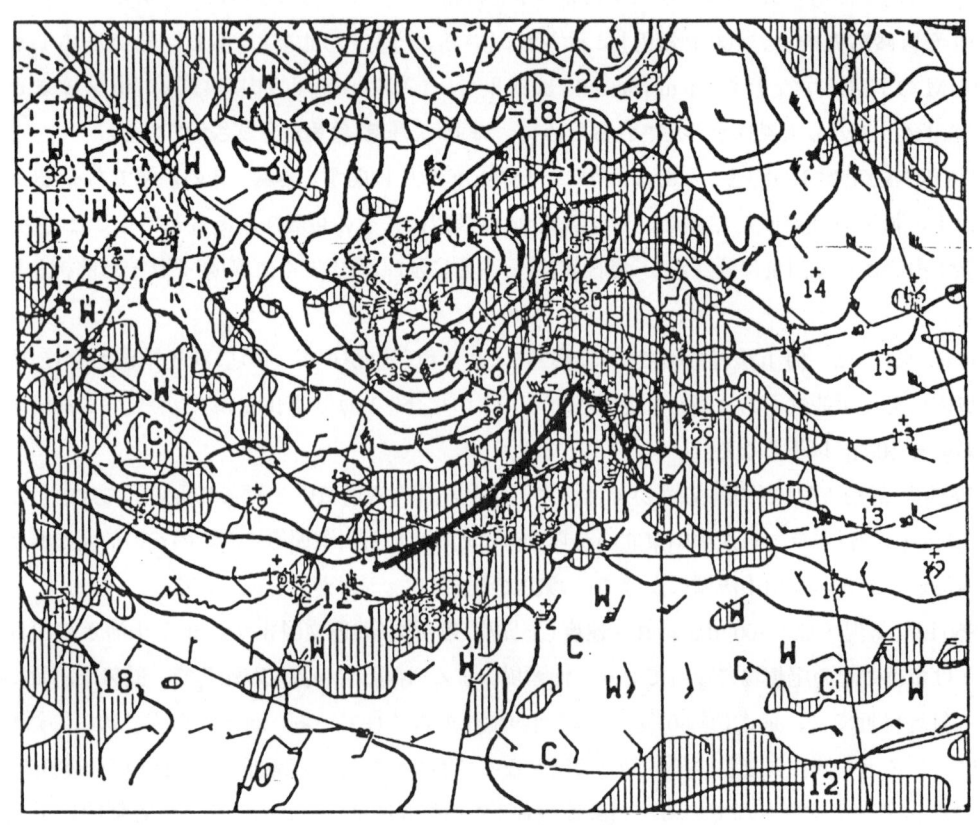

図 13 850 hPa 面の前線
寒冷前線は等温線集中帯の南縁に沿っているが、温暖前線は温度傾度が弱く明瞭でない、風のシアにも着目する。前線の先端は、上昇流域・湿潤域が明瞭な領域を目安にする。

850 hPa面での前線解析に基づき、地上前線を解析することが基本である。

①前線は気温傾度極大域つまり等温線集中帯の南縁に相当しているので、問題文図3の等温線の集中帯の南縁に着目して描画するが、前線を境にして密度が異なることから風のシアが生じるので、風のシアにも着目する。次に、前線をどこまで延ばすかは、（ⅰ）気温傾度がある、（ⅱ）上昇流域となっている、（ⅲ）湿潤域になっている、ことなどに着目して解析すると、850 hPa面での前線は図13のようになる。

②地上の前線は、850 hPa面での前線を下敷きにし、850 hPa高度と地上高度での前線の傾斜、すなわち、一般的には温暖前線で1/100〜1/200、寒冷前線で1/50〜1/100の傾きを考慮し、等圧線による気圧の谷、さらに風のデータがあればシア、降水分布なども考慮すると、地上での前線は図14のようになる。

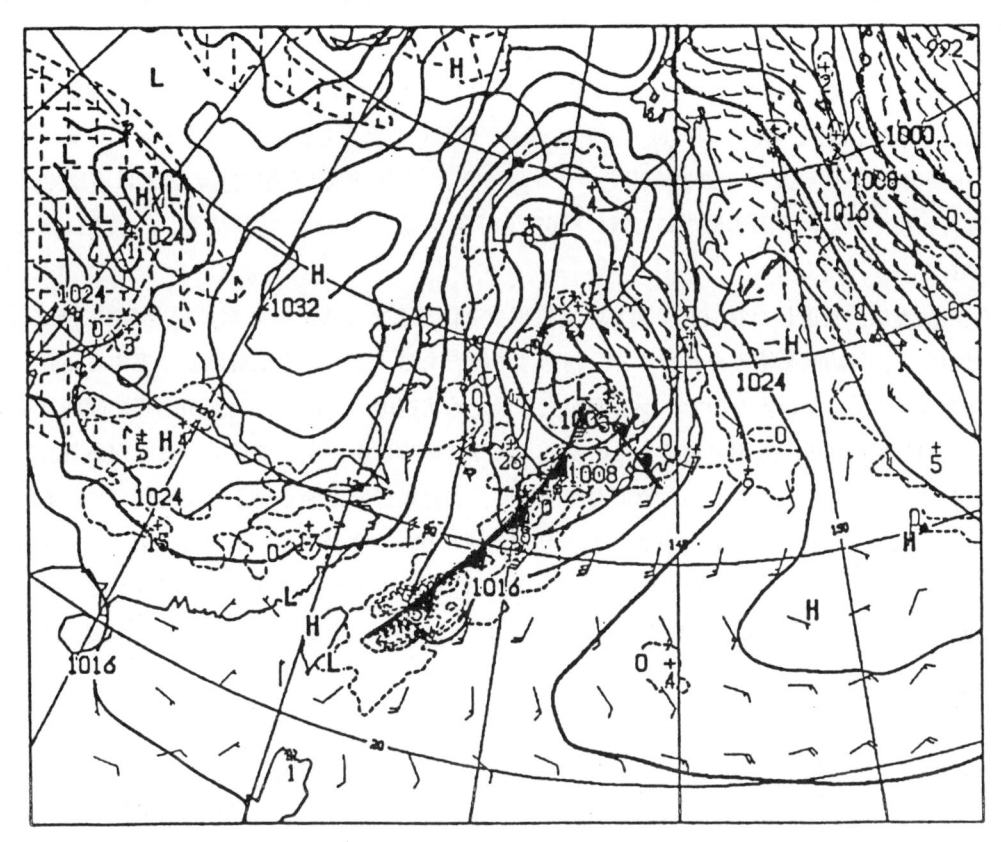

図14　地上の前線
850 hPa面の前線との傾斜を考慮し、地上の気圧の谷に沿い、風のシアも留意する。寒冷前線に沿う帯状の降水域にも着目する。

(3) 低気圧の発達に結びつく特徴を次の2点に着目して考えるが、温帯低気圧の発達つまり傾圧不安定波の発達の条件を①高度場に着目して気圧の谷の軸が上空に向かって西に傾いていることで層厚の差が生じるのか。②温度場に着目して気圧の谷の前面に暖気が流入し、後面に寒気が流入しているのかをみることであるが、結論的には同じことになる。

①地上低気圧と上層トラフとを結ぶ気圧の谷の軸が上空に向かって西に傾いていることによって、低気圧の進行前面では層厚が厚く暖気域で暖気が上昇し、後面では層厚が薄く寒気域で寒気が下降して、有効位置エネルギーが運動エネルギーに変換されることになる。

②谷の前面での暖気移流による暖気の上昇と谷の後面での寒気移流による寒気の下降で、有効位置エネルギーが運動エネルギーに変換される。

したがって、それぞれ解答例のようになる。

問3

　低気圧の発達過程に伴い気象衛星画像ではどのような特徴がみられるかについての基本的な知識を問う問題である。

(1)

　①雲域Aは低気圧の発達段階でみられる極側(北側)に高気圧性曲率の膨らみをもった「バルジ」と呼ばれる雲域で、上層の気圧の谷の前面から尾根にかけての上層の発散場で上昇流場にあたり、気圧の谷が深いほど、高気圧性曲率が顕著になる。また、気圧の谷の前面での顕著な暖気移流域で暖湿気流が流入する上昇流場に対応している。したがって、高気圧性曲率の増大が低気圧発達の一つの兆候としての目安にされている。バルジの北縁付近は上層雲が主で、北端ではバルジに沿ってシーラスストリークが観測されることが多い。バルジの北部～中部は上・中層雲よりなり、南部は中層雲が主体だが、南からの暖湿気流によって発生・発達する積雲系の雲が混在している。

　地上気象観測では雲底の観測であるのに対して、衛星による観測は雲の雲頂であり、分解能の関係もあって、地上気象観測での雲形分類とは異なり、上層雲はすじ状または帯状の様相をもつ「巻雲」は識別できるが、一般には、雲形は識別が難しいことから、「上層雲」としている。同様に、中層雲についても、地上気象観測でいう「高積雲」、「高層雲」、「乱層雲」の識別は困難で、「中層雲」としている。下層雲については、「層雲」、「層積雲」、「積雲」、「積乱雲」の識別はほぼ可能である。

　②積乱雲は、発達した対流雲で激しい気象現象を伴うことが多く、非常に重要な雲であるが、可視画像、赤外画像を組み合わせると、判別は可能である。下層から上層にまで達する鉛直方向に発達した雲で、厚い雲なので、反射率が大きいため可視画像で白く、輪郭が明瞭で団塊状を呈し、凸凹して見える。太陽光が斜めに射すと、より低い雲に影が生じて見えることがある。雲頂が上層にまで達していることから雲頂温度が低く、赤外画像では白く見え、団塊状に見える。

　雲域Bは、寒冷前線付近に形成されており、テーパリングクラウドとして見られる。

　③雲域Cは、暖域内の下層が暖湿な不安定域に発生している対流雲域で、相当温位の予想図(問題文図4(e))に見られる高相当温位域にあたり、レーダーエコー合成図では、南風が流入している雲域の南縁付近で降水エコー強度が強い。

(2)　水蒸気画像は、水蒸気をトレーサーとして上・中層(約400 hPa以上)の大気の流れを見ることができ、上・中層が乾燥している暗域と上・中層が湿っている明域の分布およびその移動・変化には多くの重要な情報が含まれている。

　①問題文図6(c)に見られる華中～黄海～朝鮮半島北部～日本海北部の帯状の暗域は、寒帯前線ジェット気流に沿って形成されており、24時間後の問題文図8では、華北～山東半島～東シナ海～九州～本州南～三陸沖に南下して低気圧性曲率が強まっている。これは、上・中層(約400 hPa)の気圧の谷が日本付近にまで南下して深まっていることを示している。

　②日本海北部の渦は低気圧性の渦で、問題文図5(a)の500 hPaのLに対応しており、上・中層の渦である。地上低気圧もこの付近にあるが、水蒸気画像は上・中層の大気の流れであるので、「上・中層の低気圧性渦」となる。

問4

　気圧場の変化に伴う高層の気象状況がエマグラム上にどのように現れるかを解釈する問題である。

(1)(2)

　問題文図9(a) 14日21時(12UTC)。寒冷前線の後面。850 hPa付近に沈降性逆転層があり、その上は乾燥している。下層から上層にかけて風向が逆転(反時計回り回転を)しており寒気移流と

なっている。

問題文図 9(b) 14 日 9 時 (00UTC)。暖域内。下層で気温が高く、湿っており、下層から上層にかけて風向が順転 (時計回り回転) しており暖気移流となっている。

問題文図 9(c) 13 日 21 時 (12UTC)。温暖前線の前面。およそ 800～730 hPa 付近に前線性逆転層があり、下層から上層にかけて風向が順転しており暖気移流となっている。

(3) 問題文図 9(a)、問題文図 9(c) には、逆転層が見られるが、その成因について問う問題である。

問題文図 9(a) は、14 日 21 時 (12UTC) で、問題文図 5 にも見られるように寒冷前線の後面に入り、下降流の場で 700 hPa 面では乾燥している。沈降 (性) 逆転である。

問題文図 9(c) は、逆転層の下層が湿っており、下層から上層にかけて風向が順転しており暖気移流で、前線面に暖気が滑昇している。前線性 (移流) 逆転である。

(4) 図 9(c) は、およそ 800～730 hPa 付近に前線性逆転層があるので、850 hPa 面で前線は潮岬より南側にある。つまり、潮岬は 850 hPa 面での前線より北側にある (図 15 参照)。

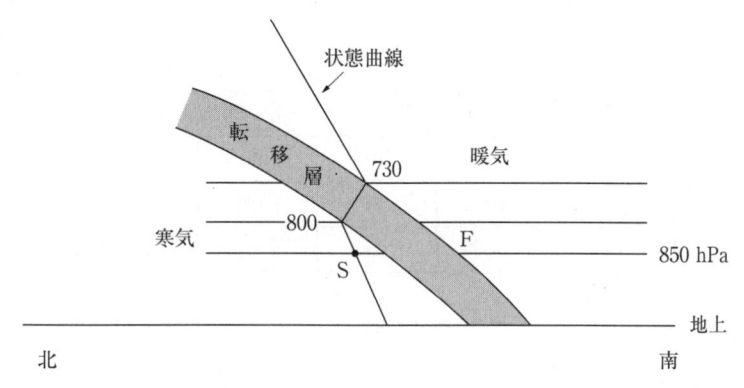

図 15 前線性逆転層は 800～730 hPa にあり、潮岬 (S) は 850 hPa 面での前線 (F) より北側にある

(5) エマグラム上であるレベル (たとえば 850 hPa) での相対湿度を求めるには、露点温度での混合比 (w) がそのときの気温での水蒸気量を表す混合比で、気温での混合比がその気温での飽和混合比 (w_s) となるので、それぞれの混合比を求め、その比をとればよい。相対湿度 (RH) は、次式 (1) で定義される。

$$\text{RH} = \frac{露点温度に対する水蒸気圧(e)}{気温に対する水蒸気圧(e_s)} \times 100 (\%) \quad (1)$$

混合比 (w)、飽和混合比 (w_s) は、次式 (2)、(3) で定義される。

$$w = 0.622 \frac{e}{p-e} \approx 0.622 \frac{e}{p} \quad (2)$$

$$w_s = 0.622 \frac{e_s}{p-e_s} \approx 0.622 \frac{e_s}{p} \quad (3)$$

ここで、p は気圧、$p \gg e$、$p \gg e_s$.

(2)式、(3)式から、(1)式は次式(4)で近似される。

$$\text{RH} \approx \frac{混合比(w)}{飽和混合比(w_s)} \times 100 (\%) \quad (4)$$

したがって、正確に計算するには(1)式から求めるが、エマグラム上では(4)式を用いて、近似的に計算することができるがおよそ 1% 程度の誤差がある。

露点温度は $-9℃$ で、混合比は 2.3 g/kg、気温は 8℃ で、混合比は 8 g/kg なので、$(2.3/8) \times 100\% = 28.8\% \fallingdotseq 30\%$ となる。

問5

ウインドプロファイラー観測による水平時系列図から、寒冷前線通過前後の気象状況を把握する問題である。ウインドプロファイラーは比較的新しい観測機器で、気象庁で運用しているものは、周波数 1.3 GHz の電波を上空 5 方向に発射し、空気の屈折率の変動によって散乱された電波を受信し、ドップラー効果を利用して上空の風向・風速を測定する一種のドップラーレーダーで、高度約 300 m から 5 km 程度までの層における風を 10 分ごとに測定している。平成 19 年現在、全国 31 か所に設置されている。

(1) 寒冷前線の場合は顕著な風向の変化がみられることが多いので、前線が通過する場合には、風のプロフィールに着目すれば、風向が南西から西(北西)に変わる。福井での水平時系列で、地表付近で風向が急変しているのは、13：50 では南西で、14：00 では西なので、この時刻に寒冷前線が通過したと考えられる。

(2) 12 時、15 時、18 時における高度 1 km、3 km での風向(16 方位)・風速(5 ノット単位)は、以下のようになる。

時刻	1 km		3 km	
時	風向	風速	風向	風速
12	南	40	西南西	70
15	西	30	南西	45
18	西北西	25	西南西	40

各時刻における風向・風速で風のベクトルを描くと、図 17 のようになる。

(3)(4)

温度風は、下層と上層の地衡風の下層から上層に向かうベクトルで表すことができる。いま、二つの等圧面(p_1、p_3；$p_1 > p_3$)の高度を z_1、z_3、地衡風ベクトルを $\boldsymbol{V}_{g1}(u_{g1}, v_{g1})$、$\boldsymbol{V}_{g3}(u_{g3}, v_{g3})$ としたとき、層厚 h は

$$h = z_3 - z_1 = \frac{R\overline{T}}{g} \ln\left(\frac{p_1}{p_3}\right) \quad (1)$$

で表される。ここで、R は乾燥空気の気体定数、g は重力の加速度、$\overline{T}$ は二つの等圧面の間の層厚温度(平均温度)、u、v はベクトル $\boldsymbol{V}$ の局所直交座標系上の x、y 成分。地衡風の大きさ u_g、v_g

$$u_g = -\frac{g}{f}\frac{\partial z}{\partial y}, \quad v_g = \frac{g}{f}\frac{\partial z}{\partial x} \quad (2)$$

から、二つの等圧面間の温度風ベクトル $\boldsymbol{V}_T(u_T, v_T)$ は、$\boldsymbol{V}_T = \boldsymbol{V}_{g3} - \boldsymbol{V}_{g1}$、$u_T = u_{g3} - u_{g1}$、$v_T = v_{g3} - v_{g1}$ で定義される。すなわち、温度風ベクトルは二つの等圧面の地衡風ベクトルの鉛直差である。

(1)式、(2)式から、温度風の x、y 成分 $u_T = u_{g3} - u_{g1}$、$v_T = v_{g3} - v_{g1}$ の大きさは、それぞれ

$$u_T = u_{g3} - u_{g1} = -\frac{g}{f}\frac{\partial(z_3 - z_1)}{\partial y} = -\frac{g}{f}\frac{\partial(R\overline{T}/g)}{\partial y}\ln\left(\frac{p_1}{p_3}\right)$$

$$= -\frac{R}{f}\ln\left(\frac{p_1}{p_3}\right)\frac{\partial \overline{T}}{\partial y} \quad (3)$$

$$v_T = v_{g3} - v_{g1} = \frac{R}{f}\ln\left(\frac{p_1}{p_3}\right)\frac{\partial \overline{T}}{\partial x} \quad (4)$$

となる。(3)、(4)式をベクトル記号で表現すると、温度風ベクトル($\boldsymbol{V}_T$)は、

$$\boldsymbol{V}_T = \boldsymbol{V}_{g3} - \boldsymbol{V}_{g1} = \frac{R}{f}\ln\left(\frac{p_1}{p_3}\right)\boldsymbol{k} \times \nabla\overline{T} \quad (5)$$

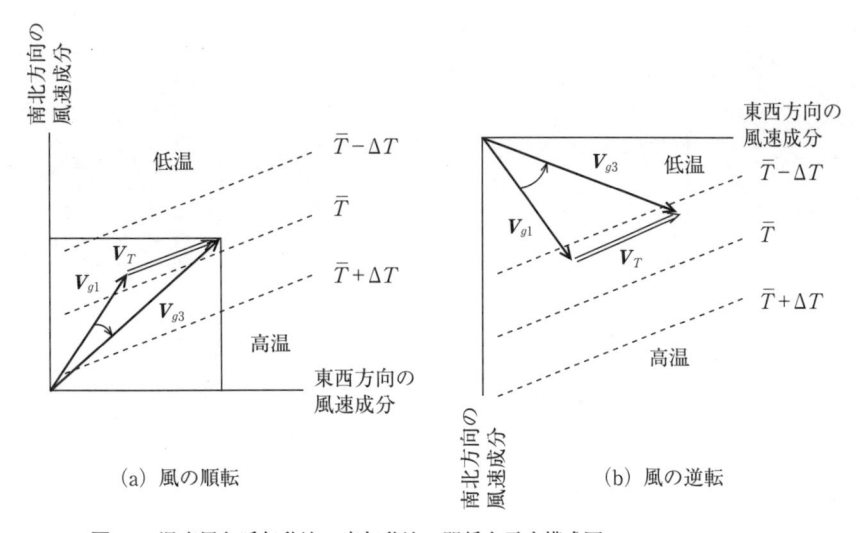

図16 温度風と暖気移流・寒気移流の関係を示す模式図
　　　黒の矢印：V_{g1}（下層の地衡風ベクトル）、V_{g3}（上層の地衡風ベクトル）
　　　白抜き矢印：V_T（温度風ベクトル）
　　　破線：二つの層の層厚温度（平均温度）の等温線
　　　V_{g1} から V_{g3} に時計回りに風向が変化していれば、暖気移流、
　　　V_{g1} から V_{g3} に反時計回りに風向が変化していれば、寒気移流となる。

となる。V_{g3} は上層の地衡風ベクトル、V_{g1} は下層の地衡風ベクトル、R は乾燥空気の気体定数、f はコリオリ・パラメータ、p_3、p_1 はそれぞれ高度 z_3 の気圧、高度 z_1 の気圧、$\bar{T}$ は上層、下層の間の層厚温度（平均温度）、∇ は2次元の微分演算子、k は鉛直方向の単位ベクトルを表す。

(5)式の意味は、温度風ベクトル（V_T）は、上層と下層の間の層厚温度の等温線に平行で、風下に向かって左側が低温で、右側が高温となる。温度傾度（$\nabla\bar{T}$）が大きいほど温度風は大きいことを表している。

この関係を模式的に示すと、図16のようになる。V_{g3}（上層の地衡風ベクトル）から V_{g1}（下層の地衡風ベクトル）を引いたベクトルが、この二つの等圧面間の温度風ベクトル（V_T）である。

図16(a)では下層風から上層風は高度とともに時計回りに風向が変わっている（順転している）。この状況では、層 z_1〜z_3 の平均風は $\bar{T}$ の等温線を横切って高温側から低温側へ吹くので、この層内では暖気移流の場になる。図16(b)では下層風から上層風は高度とともに反時計回りに風向が変わっている（逆転している）。この状況では、層 z_1〜z_3 の平均風は $\bar{T}$ の等温線を横切って低温側から高温側へ吹くので、この層内では寒気移流の場になる。

本問では、(5)式で、下層の高度が1 kmで、V_{g1} が下層での地衡風ベクトルで、上層の高度が3 kmで、V_{g3} が上層での地衡風ベクトルとなる。

したがって、(5)式からわかるように、温度風ベクトル（V_T）が大きい方が、高度1 kmから3 kmの層における平均温度の傾度（$\nabla\bar{T}$）が大きいことになる。図17に各時刻の地衡風ベクトルと温度風ベクトルを示してある。(3)で求めた各時刻の温度風ベクトルを比較すると、12時のベクトルが最も大きく、次いで15時、最も小さいのは18時になる。

(5)
図17に示すように、下層の地衡風から上層の地衡風にかけての風向の変化が、時計回りの変化をしている場合は暖気移流となり、反対に下層の地衡風から上層の地衡風にかけての風向の変化が、反時計回りの変化をしている場合は寒気移流となる。したがって、12時は時計回りの変化をしているので、暖気移流で、15時、18時は反時計回りの変化をしているので、寒気移流となる。

温度移流は、$-V\nabla\bar{T}=-V\partial\bar{T}/\partial n$ で表される。

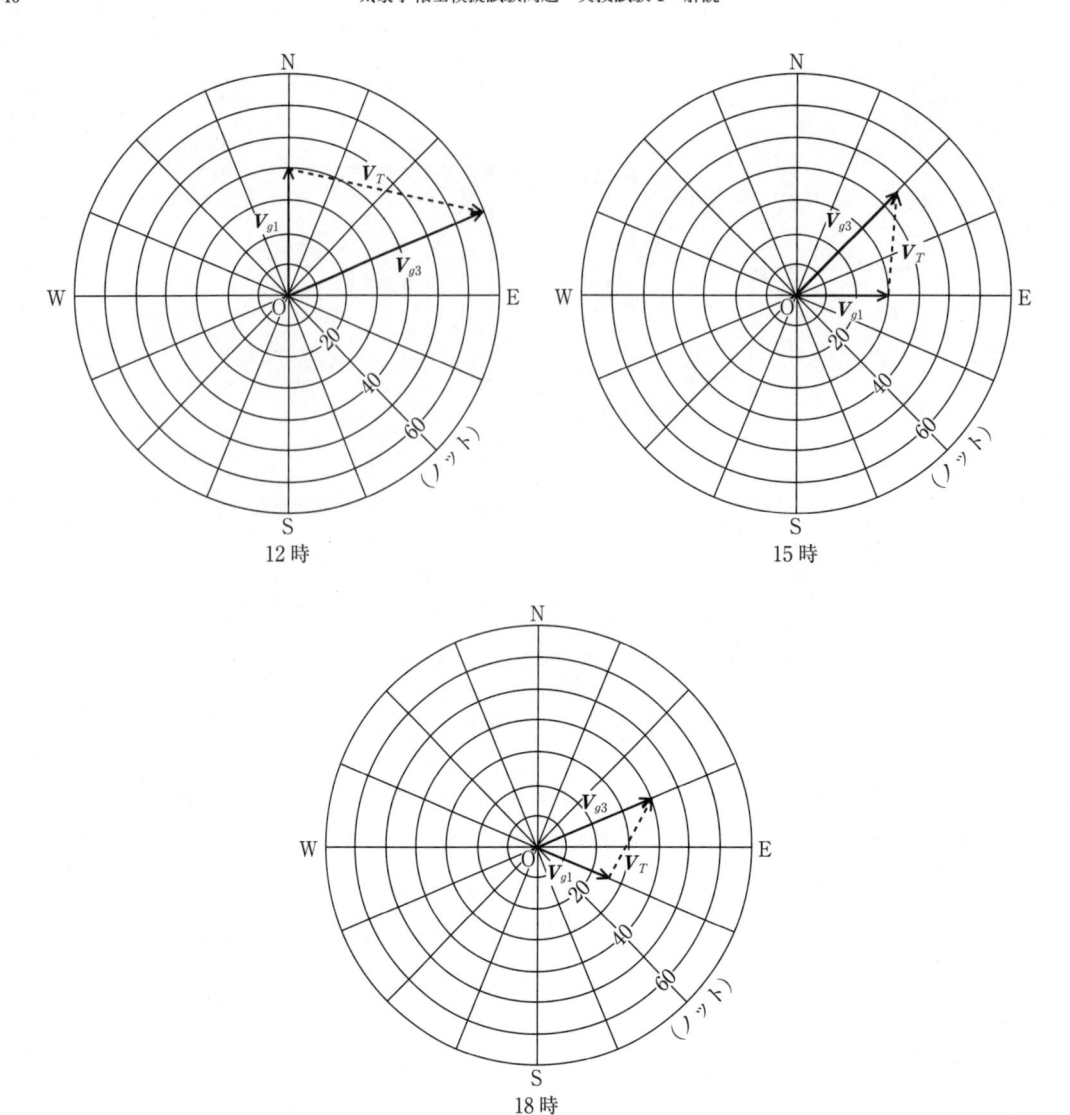

図17 地衡風ベクトルと温度風ベクトル

各時刻の高度1kmでの地衡風ベクトル V_{g1}、3kmでの地衡風ベクトル V_{g3} は、

12時：V_{g1}（高度1kmでは風向が南で8、風速が40ノット）
　　　V_{g3}（高度3kmでは風向が西南西で11、風速が70ノット）
15時：V_{g1}（高度1kmでは風向が西で12、風速が30ノット）
　　　V_{g3}（高度3kmでは風向が南西で10、風速が45ノット）
18時：V_{g1}（高度1kmでは風向が西北西で13、風速が25ノット）
　　　V_{g3}（高度3kmでは風向が西南西で10、風速が40ノット）

温度風ベクトル V_T は、V_{g1}（高度1kmでの風の矢印(実線)）の先端から V_{g3}（高度3kmでの風の矢印(実線)）の先端に引いた矢印(破線)。

図18に示すように、

$$（温度傾度）\times（風の等温線に直角の成分）= \frac{\Delta \bar{T}}{\Delta n} \times V \cos\theta = \frac{\Delta \bar{T}}{\Delta n} \times V_n$$

で表されるので、移流量は、温度傾度($\Delta\bar{T}/\Delta n$)と風(V)の温度傾度に対する直角成分($V\cos\theta = V_n$)によって決まる。つまり、温度傾度($\Delta\bar{T}/\Delta n$)が大きく、風(V)の温度傾度に対する直角成分($V\cos\theta = V_n$)が大きいほど移流量は大きくなる。

したがって、温度傾度($\Delta\bar{T}/\Delta n$)が同じなら、風(V)の温度傾度に対する直角成分($V\cos\theta = V_n$)が大きいほど移流量は大きくなるし、風(V)の温度傾度に対する直角成分($V\cos\theta = V_n$)が同じなら、温度傾度($\Delta\bar{T}/\Delta n$)が大きいほど移流量は大きくなる。

第27回気象予報士試験実技1では、風(V)の温度傾度に対する直角成分($V\cos\theta = V_n$)が同じであるとして、温度傾度($\Delta\bar{T}/\Delta n$)の大きさによって移流量を求める問題が出されている。つまり、V_n が同じなので、温度傾度($\Delta\bar{T}/\Delta n$)の大小によって移流量の大小が求められる。ここでは、温

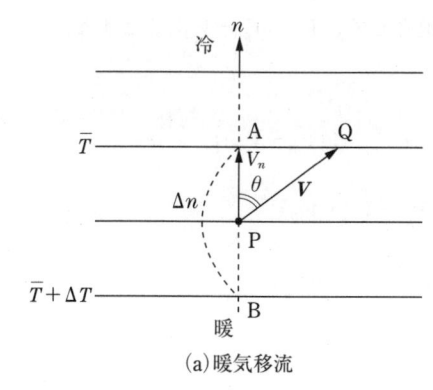

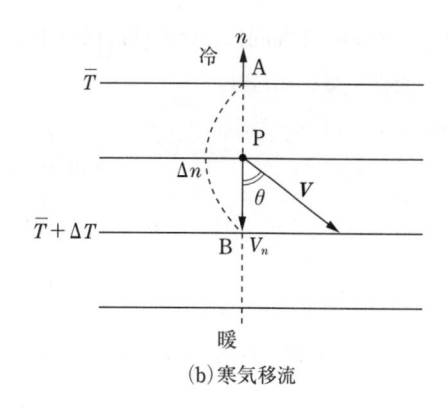

図18 温度移流 (a)暖気移流、(b)寒気移流

$$-\boldsymbol{V}\cdot\nabla\bar{T} = (温度傾度)\times(風の等温線に直角の成分)$$
$$= \frac{\Delta\bar{T}}{\Delta n}\times V\cos\theta = \frac{\Delta\bar{T}}{\Delta n}\times V_n$$

温度移流は温度傾度に対する風速の直角成分の積で、温度傾度が大きく、風速が強く、等温線に交差する角度が大きいほど、移流量は大きい。暖気側から寒気側に風が交差する場合が、＋で暖気移流を、寒気側から暖気側に風が交差する場合が、－で寒気移流を表す。

度傾度（$\Delta\bar{T}/\Delta n$）は(4)で求められるのでその大きさはわかるが、風（V）の温度傾度に対する直角成分（$V\cos\theta = V_n$）の大きさが与えられていない場合に、これを前問(2)、(3)で描いた高度1kmと高度3kmでの風ベクトルによる面積の大きさの大小から温度移流量を求めるものである。その量的な求め方の根拠は、以下に述べるやや高度な計算によるので、特に必要はないので飛ばしてもよいが、結果は下層と上層の二つの風ベクトルよりなる面積が大きいほど温度移流量は大きくなる。(3)で描かれた各時刻における面積を比べると、12時が最も大きく、15時、18時の順になるので、温度移流量の大きい順に、12時、15時、18時となる。

温度風ベクトル（$\boldsymbol{V}_T$）は下層と上層の地衡風のベクトル差で、つまり、上層と下層の二面の鉛直距離で割ると地衡風ベクトル（$\boldsymbol{V}_g$）の鉛直シアであるから、微分形では次のようにも表現することができる。

$$\frac{\partial \boldsymbol{V}_g}{\partial \ln p} = -\frac{R}{f}\boldsymbol{k}\times\nabla\bar{T} \qquad (1)$$

ここで、R：乾燥空気の気体定数、f：コリオリ・パラメータ、$\boldsymbol{k}$：鉛直方向の単位ベクトル。

設問の温度移流の判別とその移流量の大きさを見積もるには、少しレベルの高い議論だが二つの等圧面間の平均の地衡風ベクトルと温度風ベクトルのベクトル積（〔注〕参照）をとるとよい。すなわち、(1)式と $\boldsymbol{V}_g$ のベクトル積をとると、

$$\boldsymbol{V}_g \times \frac{\partial \boldsymbol{V}_g}{\partial \ln p} = -\frac{R}{f}\boldsymbol{V}_g\times(\boldsymbol{k}\times\nabla\bar{T}) \qquad (2)$$

$$\boldsymbol{V}_g \times \frac{\partial \boldsymbol{V}_g}{\partial \ln p} = -\frac{R}{f}\left(0, 0, u_g\frac{\partial\bar{T}}{\partial x} + v_g\frac{\partial\bar{T}}{\partial y}\right) \qquad (3)$$

$u_g(\partial\bar{T}/\partial x) + v_g(\partial\bar{T}/\partial y)$ は温度移流 $\boldsymbol{V}_g\cdot\nabla\bar{T}$ の x、y 成分であるので、(3)式は

$$\boldsymbol{V}_g \times \frac{\partial \boldsymbol{V}_g}{\partial \ln p} = -\frac{R}{f}\boldsymbol{k}\cdot(\boldsymbol{V}_g\cdot\nabla\bar{T}) \qquad (4)$$

したがって、

$$-\boldsymbol{V}_g\cdot\nabla\bar{T} = \frac{f}{R}\boldsymbol{k}\cdot\left(\boldsymbol{V}_g\times\frac{\partial \boldsymbol{V}_g}{\partial \ln p}\right) \qquad (5)$$

二つの等圧面 p_1、p_2 における地衡風を $\boldsymbol{V}_{g1}$、$\boldsymbol{V}_{g2}$ とする。微分を差分で近似すると、

$$\frac{\partial \boldsymbol{V}_g}{\partial \ln p} \cdot \frac{\boldsymbol{V}_{g1}-\boldsymbol{V}_{g2}}{\ln p_1 - \ln p_2} = \frac{\boldsymbol{V}_{g1}-\boldsymbol{V}_{g2}}{\ln(p_1/p_2)}$$

V_g を二つの等圧面間における地衡風の V_{g1}、V_{g2} の平均値として、$V_g=(V_{g1}+V_{g2})/2$ とする。

したがって、(5)式は

$$-V_g \cdot \nabla T = \frac{f}{R\ln(p_1/p_2)} \boldsymbol{k} \cdot \left(\frac{1}{2}(V_{g1}+V_{g2}) \times (V_{g1}-V_{g2}) \right)$$

$$= \frac{f}{2R\ln(p_1/p_2)} \boldsymbol{k} \cdot (V_{g2} \times V_{g1} - V_{g1} \times V_{g2})$$

$$= \frac{f}{R\ln(p_1/p_2)} \boldsymbol{k} \cdot (V_{g2} \times V_{g1}) \qquad (6)$$

温度移流量の計算では、絶対値のみで表せるので、

$$|-V_g \cdot \nabla \overline{T}| = \frac{f}{R\ln(p_1/p_2)} |V_{g2} \times V_{g1}| = \frac{f}{R\ln(p_1/p_2)} |V_{g2}||V_{g1}|\sin\theta \qquad (7)$$

(7)式から、温度移流量の大きさは、f、R、等圧面 p_1、p_2 を一定とすれば、下層の地衡風と上層の地衡風とのベクトル積(外積)で表せる。つまり、図19に示すように、大きさだけを示すと、二つのベクトルで囲まれた三角形の面積の2倍に比例するので、面積の大きさで表すことができる。

このことから、(3)で描かれた各時刻における二つの風ベクトルで囲まれた面積の大きさが大きいほど温度移流量は大きいことになり、面積の大きい順に、12時、15時、18時となる。

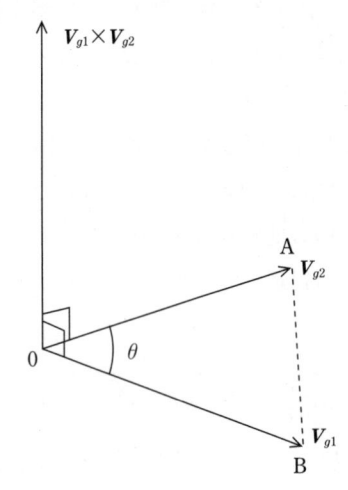

図19 下層の地衡風(V_{g1})と上層の地衡風(V_{g2})のベクトル積
下層(高度 1 km)の地衡風(V_{g1})と上層(高度 3 km)の地衡風(V_{g2})のベクトル積。大きさだけを表すと、$|V_{g2}||V_{g1}|\sin\theta$ となり、△AOB の2倍の面積に相当する。

〔注〕ベクトル積:ベクトル乗積とか外積ともいう。いま、任意のベクトル $\boldsymbol{A}$ と $\boldsymbol{B}$ を考えると、そのベクトル積は一つのベクトル $\boldsymbol{C}$ で、その方向は $\boldsymbol{A}$、$\boldsymbol{B}$ の定める平面に垂直で、向きは $\boldsymbol{A}$、$\boldsymbol{B}$、$\boldsymbol{C}$ が右ねじの法則に従うものとし、大きさは $\boldsymbol{A}$、$\boldsymbol{B}$ のつくる平行四辺形の面積 $AB\sin\theta$ ($\theta:\boldsymbol{A}$、$\boldsymbol{B}$ のつくる角)に等しい。すなわち、$\boldsymbol{C}=\boldsymbol{A}\times\boldsymbol{B}=-\boldsymbol{B}\times\boldsymbol{A}$。3次元の直交座標系を (x, y, z)(その基本ベクトル:$\boldsymbol{i}$、$\boldsymbol{j}$、$\boldsymbol{k}$)とするとベクトル $\boldsymbol{A}$ と $\boldsymbol{B}$ のベクトル積の成分表示は次のようになる。すなわち、$\boldsymbol{A}\times\boldsymbol{B}=\boldsymbol{i}(A_yB_z-A_zB_y)+\boldsymbol{j}(A_zB_x-A_xB_z)+\boldsymbol{k}(A_xB_y-A_yB_x)$。

実技試験2　解答例

問1

(1) 〔2点×9＝18点〕
　① 南岸低気圧　② 二つ玉低気圧　③ 日本海低気圧
　④ 南東　　　　⑤ 北西　　　　　⑥ 東シナ海低気圧
　⑦ 20　　　　　⑧ 2000　　　　　⑨ 大きく

(2) 〔7点×2＝14点〕
　北日本日本海沿岸：積雲
　寒気が、暖かい海上を渡る時、対流不安定により発生した。(27字)
　沖縄の東海上：積乱雲
　暖気移流に伴う、強い上昇流によって発生した。(22字)

(3) ジェット気流の解析〔13点〕

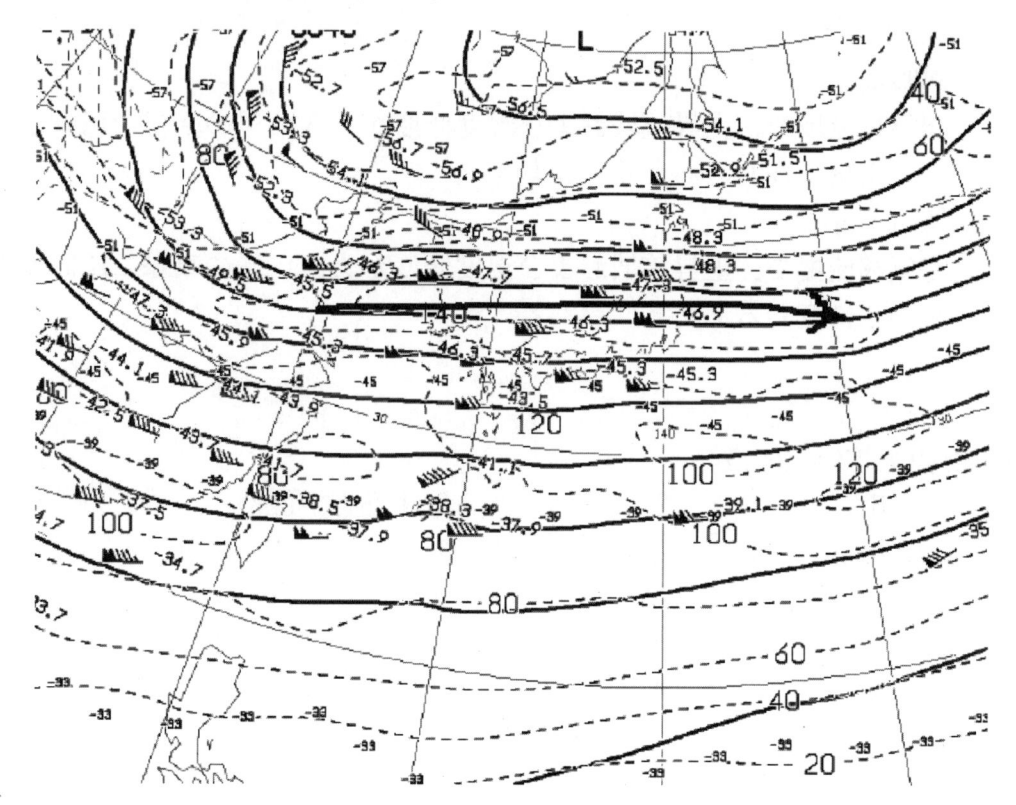

特徴ある雲〔1点×2＝2点〕
「高気圧性」曲率をもった「上」層雲

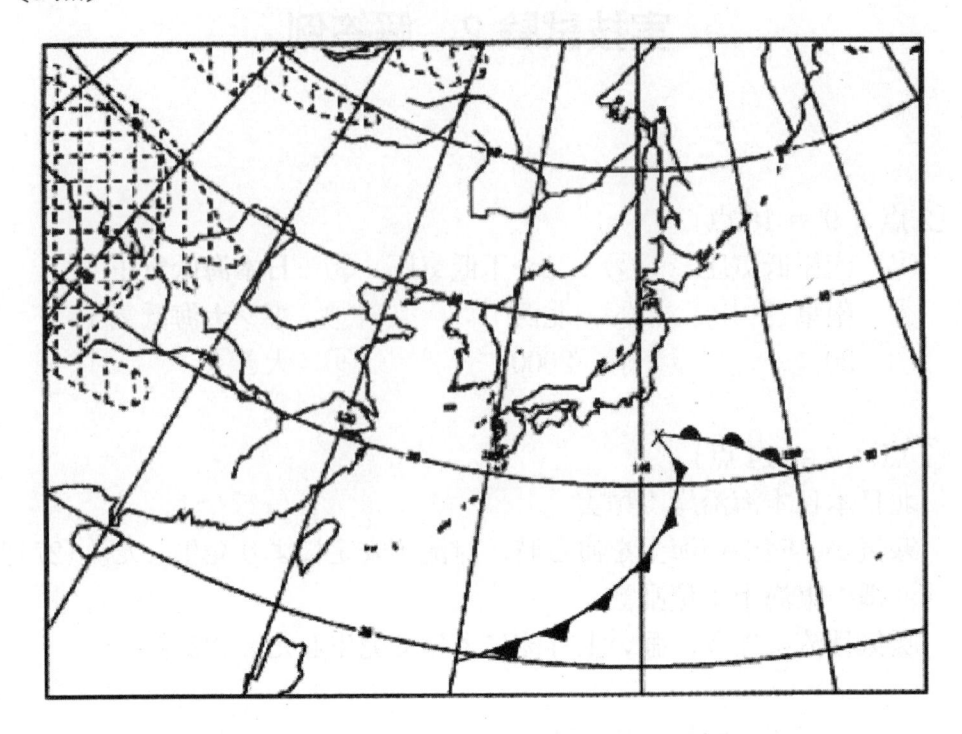

問2
(1) 〔9点〕

(2) 〔5点×2 = 10点〕

温暖前線：
暖気移流場で、上昇流域および温度傾度が大きい場の南縁。風向が南西から南東に変わるあたり。(44点)

寒冷前線：
寒気移流場で、上昇流域および温度傾度が大きい場の東縁。風向が西から南西に変わるあたり。(43字)

問3 〔2点×17 = 34点〕

① 6	② 2	③ 気化熱(蒸発熱)	
④ 融解	⑤ 下降	⑥ 3	⑦ 逆転
⑧ 小さ	⑨ 高	⑩ 雪	⑪ 0
⑫ −3	⑬ 雨	⑭ みぞれ	⑮ 風
⑯ 気温	⑰ 湿度		

実 技 試 験 2
解　説

問 1

(1)

　日本付近で発生・発達する温帯低気圧は経路によって4種類に大別されることが多い(図20)。

　1つは華中や日本の南西海上の東シナ海付近で発生して、日本列島の南海上を発達しながら、主として東～北東進する「南岸低気圧」と呼ばれるもの。台湾付近に発生し、発達しながら北東に進む低気圧であることから「東シナ海低気圧」とも呼んでいる。この低気圧は、寒候期には太平洋側に大雪などをもたらすこともある。

　また、日本列島を南北に挟むように2つの低気圧が、日本海と日本列島の南岸を東～北東進する「二つ玉低気圧」と呼ばれるもの。

　華北方面から東進して来て、日本海を発達しながら東～北東進する「日本海低気圧」と呼ばれるもの。発達して「春一番」などをもたらすことがある。

　さらに、図には示されていないが、本州を縦断するように進み、大雨をもたらす低気圧(本州上低気圧と呼ぶことがあるが前述の3つに比べ慣例的な呼び名はない)などがある。

　この事例の南岸低気圧は、主として寒候期から春先に多く、大陸の高気圧

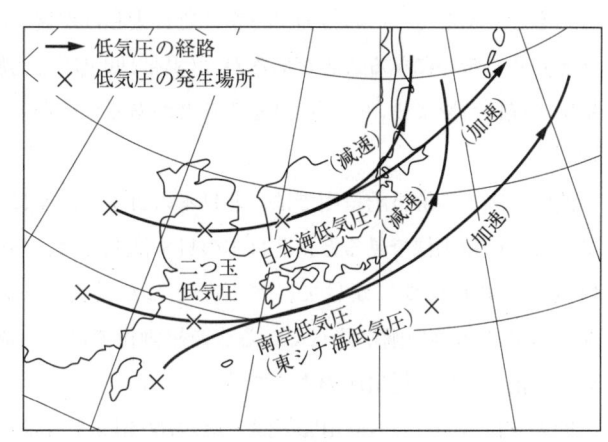

図 20　日本付近で発達する主な低気圧の経路(長谷川隆司他(2000)：天気予報の技術、p 95)

が衰弱すると華中から東シナ海付近に低気圧が発生する。一般に、低気圧の南東側では、海上の暖湿流が流入し、北西側では大陸の寒気の流入が顕著になり、急速に発達して北東または東北東に進み、日本に近づいて暴風や高波、大雨や大雪など様々な現象をもたらす。

　発達するものは、中心気圧が1日に20 hPaくらいの割合で深まり、発生当時1020 hPaくらいのものが、1日後には関東地方沿岸や三陸沖で1000 hPaくらいとなり、千島やアリューシャン方面では960 hPaくらいまで発達する。この頃の暴風域は半径2000 kmに及ぶものも珍しくなく、この方面で冬季に連日大しけが続く。猛烈な風を伴う発達した低気圧になると、中心気圧が台風と同じ程度でも、その暴風半径は台風よりはるかに大きくなることがある。これは台風は一般的に中心付近ほど風が強いが、低気圧は、中心付近だけではなく、場合によっては周辺で強くなったりするためである。

　このため、低気圧の接近に伴って主に日本の太平洋側では風、波、降水量の量的な予報、および関東、東海地方では雨になるか雪になるか降水形態の判別予報が重要になる。

　よって、設問の解答は以下のようになる。なお、あてはまる数字は、発達の度合いは、10～30 hPaくらい、暴風半径は1000 kmオーダーと捉えればよい。

　『日本付近で発生・発達する(温帯)低気圧は経路によって大別され、代表的な経路は、日本の南西海上の東シナ海付近で発生、日本列島の南岸沿いを発達しながら北東進する(①南岸低気圧)』。①については、東シナ海低気圧も該当するが、⑥問で、発生する場所にちなむ問をしているので、①は、南岸低気圧になる。

『日本列島を挟むように日本海と日本列島の南岸を東または北東進する（②二つ玉低気圧）、華北方面から東進してきて、日本海に入り、発達しながら北東進する（③日本海低気圧）などがある。これらの低気圧は、日本付近の天気に特徴的な変化をもたらす。

（①南岸低気圧）は、主として寒候期に多く、大陸の高気圧が衰弱すると問題文図1のように華中から東シナ海付近に低気圧が発生し、低気圧の（④南東）側では、海上の暖湿流の流入、（⑤北西）側では大陸の寒気の流入が顕著になり、急速に発達して北東または東北東に進み、日本に近づいて暴風や高波、大雨や大雪など様々な現象をもたらす。発生する場所にちなんで（⑥東シナ海低気圧）ということもある。』ただし、「東シナ海低気圧」であるが、「台湾低気圧」と呼ぶ場合もあるが、特に「台湾」を強調する必要がある場合の他は「東シナ海低気圧」として用いることになっている。

『特に発達するものは、中心気圧が1日に（⑦20）hPa くらいの割合で深まり、発生当時1020 hPa くらいのものが、翌日には関東地方沿岸や三陸沖で1000 hPa くらいとなり、千島やアリューシャン方面では960 hPa くらいまで発達する。この頃の強風域は半径（⑧2000）km に及ぶものも珍しくなく、この方面で冬季に連日大しけが続く。低気圧が発達して中心付近の気圧が台風と同じくらいになることがあるが、（温帯）低気圧と台風では中心気圧は同じくらいでも、その暴風半径は台風より（⑨大きく）なることがある』となる。

(2)
問題文図7の解析雨量図では、北日本の日本海沿岸に、東西に延びる雲列が、横縞模様になっている。衛星画像で見ると、北日本の日本海側では、冬型特有の筋状雲が見られる。一方、沖縄付近から九州南部にかけて、べったりした雨雲が広がり、南西諸島の南東側では時間雨量30 mm 以上の強い雨が降っている。衛星画像では、台湾から九州にかけては厚い雲に覆われている。前線を伴う低気圧の雲である。

問題文図5（下）の 850 hPa 気温・風、700 hPa 上昇流（鉛直 p 速度）解析図をみると、北日本は西または西北西の流れで寒気移流場となっており、一部に弱い上昇流が計算されている。一方沖縄の東海上では、等温線が混み、北へ持ち上がり、南よりの風が30ノット吹いている所もあり、暖気移流場となっている。鉛直 p 速度は－147で強い上昇流を計算している。温暖前線帯に対応している。ここでの設問は、850 hPa 気温・風、700 hPa 上昇流解析図からと、断っているので、地上天気図での特徴である、「北日本中心の冬型」や、「低気圧や前線による」などの用語は入れる必要はない。

以上から解答例としては、次のようになる。
「北日本日本海沿岸：積雲
寒気が、暖かい海上を渡る時、対流不安定により発生した。」
キーワードとしては、「寒気」、「対流不安定」または「大気が不安定」があればよい。
「沖縄の東海上：積乱雲
暖気移流に伴う、強い上昇流によって発生した。」
キーワードとしては、「暖気移流」「上昇流」となる。

(3)
300 hPa 天気図（問題文図2上）では、等高度線 8880 m に沿い、朝鮮半島中部から本州の東北地方を通る強風軸があり、輪島では160ノット吹いている。一方、9360 m から 9480 m 付近にも強風帯が見られる。極方向からの流れを考慮すると寒帯前線ジェット気流は東北地方を通る強風帯に対応する。南側の強風帯は亜熱帯ジェット気流になる。

高層断面図（問題文図4）を見ると、東径130度では、OSAN（オサン）、POHANG（浦項）付近に、東径140度線では仙台から館野にかけて強風軸があり、寒帯前線ジェット気流に対応している。

一方、衛星画像(問題文図6)では、強風軸に沿ってその南側にやや不鮮明であるが高気圧性曲率をもったバルジ状の上層雲(または、Ciストリーク)が見える。

なお、300 hPa 天気図には等風速線が描画されている。一般には、強い風速の地域をつなげるとジェット気流に対応することが多い。この事例でも、強い部分を線で結ぶとジェット軸になる。解答例は図20となる。なお、ジェット気流の位置は、緯度が1～2度ずれていても問題はない。

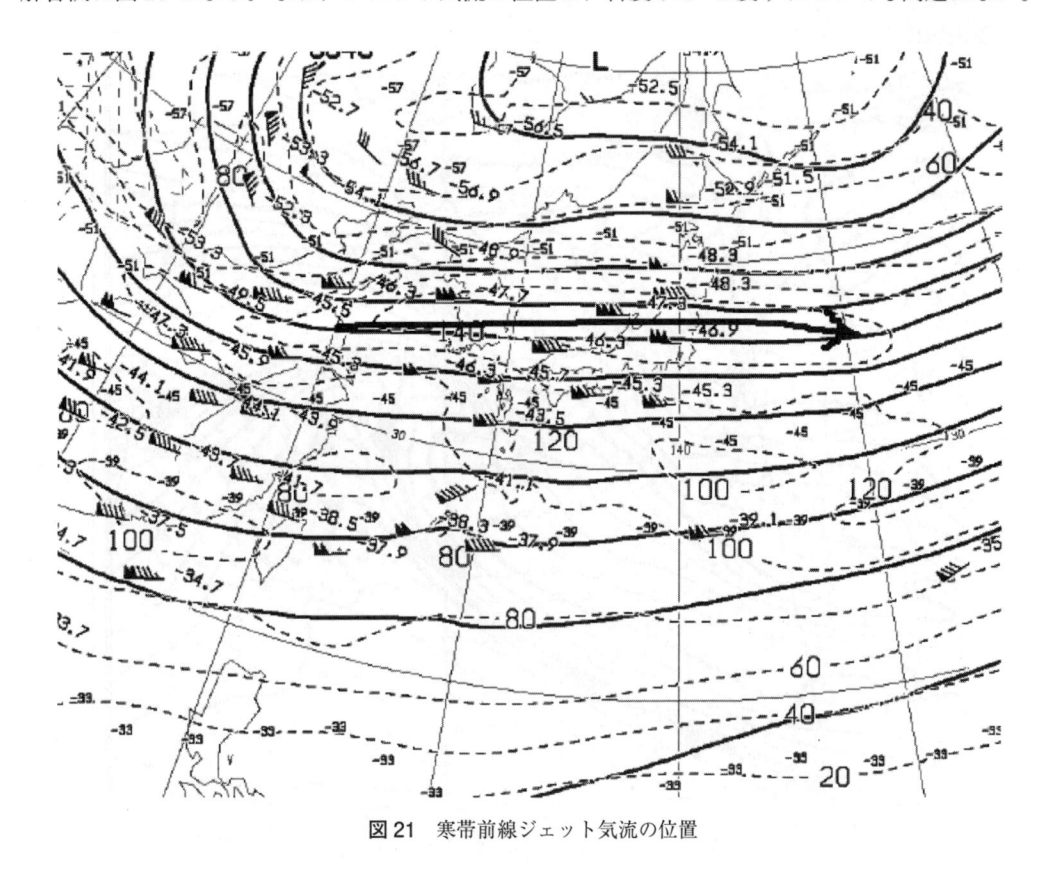

図21　寒帯前線ジェット気流の位置

特徴のある雲:「高気圧性」曲率をもった「上」層雲。

問2

(1)

24時間後の地上天気図の予想図を書かせる出題は多い。一般に低気圧の位置は地上気圧、降水量、海上風24時間予想図の地上低気圧の位置でよい。ただし、Lスタンプが近くに複数印字されている場合は、正渦度の極大値付近かやや東のLを採用する。この事例では南岸の低気圧のLスタンプは1つなので迷うことはない。正渦度域との対応もよい。

天気図上の前線は図22のように描画すればよい。

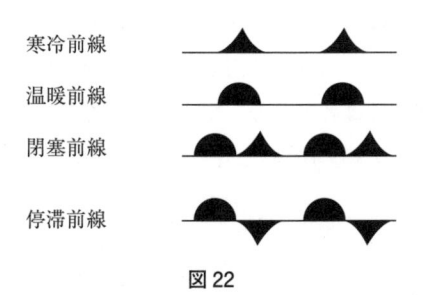

図22

前線は密度不連続の南縁を取ることになっているので、この事例の密度は温度に置き換えて考える。問題文図9(b)の850 hPa 気温・風、700 hPa 上昇流24時間予想図の3℃から12℃の等温線が密になっており、暖気移流場では、12℃の等温線より北に上昇流域があり一部で強い上昇流

が計算されている。また、寒気移流場では、12℃の等温線の南東で上昇流場になっている。これらから、暖気移流場では南縁を温暖前線の目安に、寒気移流場では東縁を寒冷前線の目安とする。これを参考に、問題文図10の850hPa風・相当温位24時間予想図から相当温位傾度の大きい南縁、東縁をおさえて、温暖前線では風向が南西から南東に変化する地域、寒冷前線では西よりから南西に変わる地域を850hPaの前線とする(図23)。この事例では、温度傾度と相当温位傾度の密な地域はよくあっている。

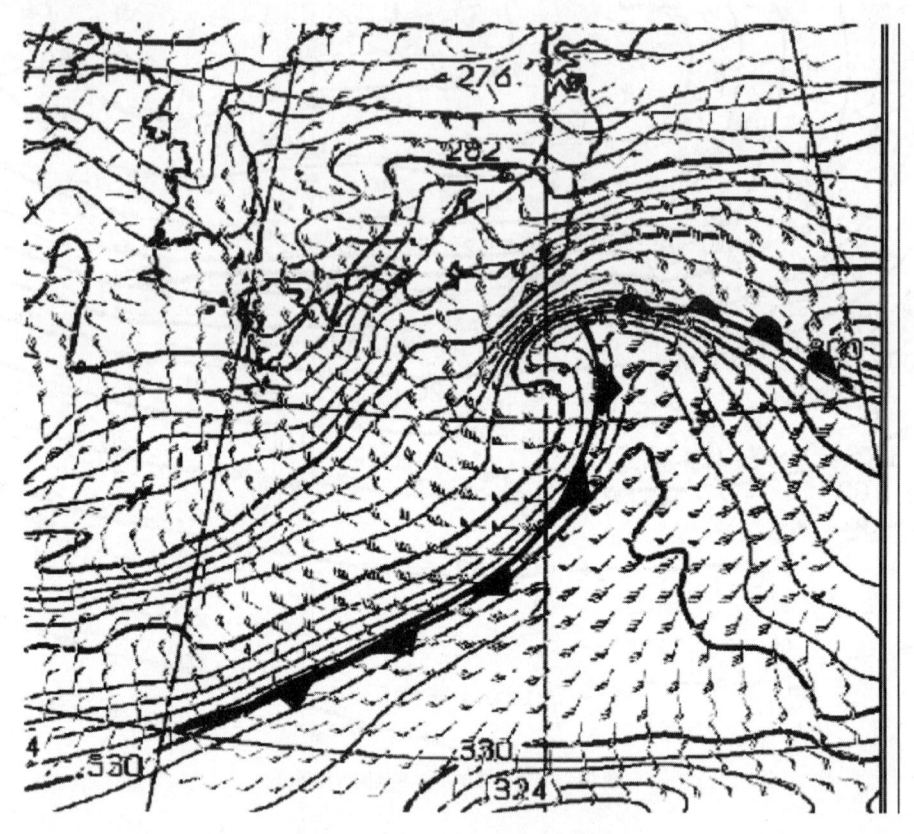

図23 850hPa天気図の前線の位置

850hPaの前線が決まったら、問題文図8(b)(下)の地上予想図に戻り、850hPaの前線の位置を仮に記入する。その上で、温暖前線は850hPa前線のやや南側、寒冷前線はやや南西側にあることを考慮して、等圧線の相対的に低い部分や風向の変化(温暖前線は南西から南東、寒冷前線は北西(西)から南西)を参考に、低気圧中心から前線を描画する。このとき、どこまで前線を描画するかが、もう1つの課題である。一般に、実況解析では、前線性の雲バンドが明瞭で、気温や風の変化がはっきりしている部分の先端とすればよいが、予想では雲バンドを見ることができない。このため、上昇流の有無、850hPaや地上の温度傾度が大きい、相当温位傾度が混んでいる、風向の変化が顕著である、降水が計算されているなどを目安にするとよい。この設問では、温暖前線では東経150度、寒冷前線は東経130度まで延ばすことになろう。

なお、閉塞前線を解析する必要があるか検討しなければならないが、この設問では、温暖、寒冷前線としているので、閉塞前線は考慮しないでよい。ただし、この事例では24時間予想では、相当温位分布などを見るとλ(ラムダ)の形になっているので、低気圧の中心付近は閉塞過程に入っている可能性がある。

解答例は図24となる。

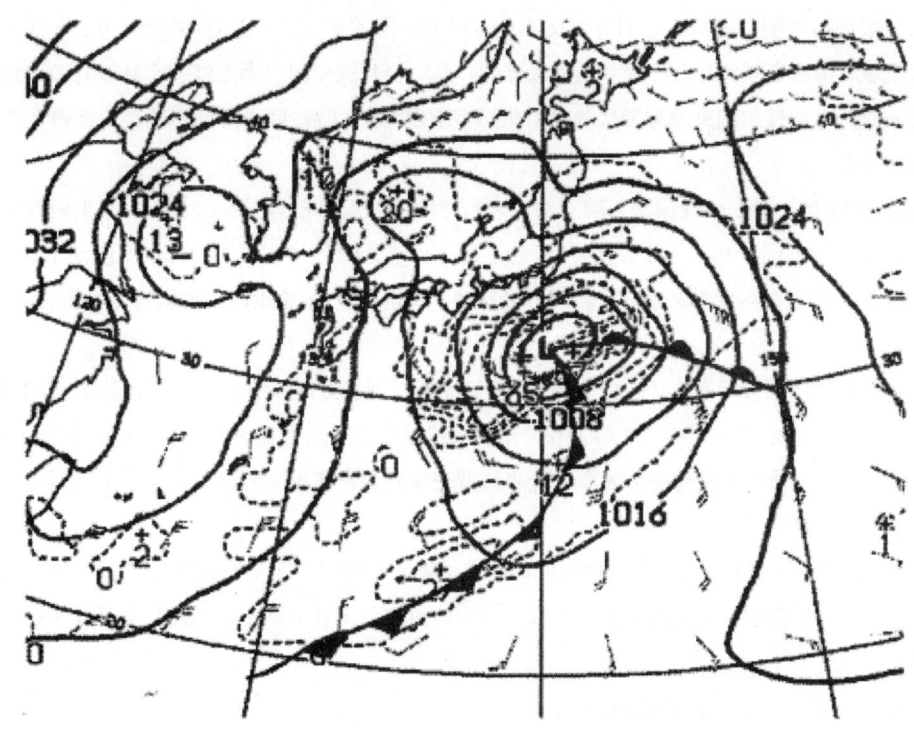

図24 地上天気図の前線の位置

(2)の解答例

温暖前線：暖気移流場で、上昇流域および温度傾度が大きい場の南縁。風向が南西から南東に変わるあたり。

寒冷前線：寒気移流場で、上昇流域および温度傾度が大きい場の東縁。風向が西から南西に変わるあたり。

問3

　南岸低気圧が関東地方を通過するときは、天気予報上、雨雪判別が重要な要素となる。これは大気下層の微妙な状態の変化によって、降水形態が変化するからである。

　すなわち、水は温度に応じて固体・液体・気体と3相の状態で地球上に存在している。この相同士の変化のことを相変化といい、相変化の際には潜熱の出入りがある。この出入りが周辺の大気環境を変化させる。

　　$H_2O(液体) \rightarrow H_2O(気体) - Qv$　　（Qv：蒸発熱または気化熱）

　　$H_2O(固体) \rightarrow H_2O(液体) - Qf$　　（Qf：融解熱）

　　$H_2O(固体) \rightarrow H_2O(気体) - Qs$　　（Qs：昇華熱）

この事例も降水の相変化により、地上の気象要素に変化を与えた。

　設問の事例では、3月3日遅くから4日にかけての関東地方平野部の降水は雨と予想されていた。しかし、実際は関東地方の多くの地域で雨から雪に変わり、東京都心で2cmの積雪になり、3月としては珍しく1cm以上の積雪となった。東京以外の積雪は宇都宮で14cm、水戸8cm、熊谷6cm、千葉4cm、横浜2cmであった。

　予報が外れた原因は、以下のように考察される。3日の日中の天気は概ね晴れており、最高気温は東京で10.2℃まで上がった。また、数値予報資料では、850hPaの気温は0℃から-3℃と高く予想しており、ガイダンスの天気も雨となっていた。しかし、設問の説明にもあるとおり、湿度は30％台と乾燥していたため、一応、雪の可能性も考えられたが、雨との予報はやむをえない状態だった。このようなときには、実況監視を強化して短時間予報で修正するのが現在の手法である。

さて、設問の説明にもあるとおり、関東地方は弱い降水が18時過ぎから始まり、4日未明にはほぼ全域で降水を観測した。降り始めは標高の高い軽井沢や河口湖では雪それ以外の平野部では雨だった。その後、関東地方では急速に気温が下がり、6時には平野部のほとんどのところが雪に変わった。

問題文図11は、過去の経験から統計的に求めた地上気温と相対湿度による、関東地方を中心とした雨雪判別の図である。この図では、0℃以下は雪、0℃～2℃の間では、湿度が100%はみぞれ、約80%以下ならば雪となる。設問の最初は、問題文図11を素直に解釈して答えればよい。すなわち、

『雨、雪の境界は相対湿度によって変わり、湿度50％で雪またはみぞれになる気温は(① 6)℃で、100％になると(② 2)℃となる。このように湿度の違いにより雨雪判別の気温に差がある。』

これ以降は、降水の相変化をする際の仕事に費やす熱量を考慮すればよい。前半は落ちてくる雪片の側からの状態で、

『これは、雪片が落下しながら湿度の低い層を通過する際に、下層が乾燥している場合は、雪片の表面から(③気化熱(蒸発熱))が奪われ、雪片の温度の上昇を抑え(④融解)を遅れさせるからである。』

後半は熱を取られる大気の側からで、

『また、下層大気が0℃以上で乾燥しているときは、(④融解)した水滴が大気から(③気化熱(蒸発熱))を奪うため、特に降り始めの降水が弱い場合は、降水により下層大気の気温が急に(⑤下降)したりする。

一般に、地上気温が2℃以下では雪になることが多く、4℃以上では雨になることが多い。このため、天気予報で雨か雪を判断する場合は、地上気温予報の精度が重要となる。』

これまでは、雪片や雨粒の相変化に伴う熱量と地上気温・湿度との関係であるが、以下は下層の気温との関係である。これも、数式に数字をあてはめればよい。

『850hPaの気温に注目すると、－6℃以下だと地上でも雪になりやすいといわれている。これは、850hPaの高度を1500m、気温減率を6℃/1kmと仮定すると地上気温が(⑥ 3)℃になり、地上気温の雨、雪の境界値2～4℃に近い気温となる。』

しかし、これは地上から850hPaの間には、安定層や逆転層がないことが前提である。多くは、局地的な下層の前線である沿岸前線が存在したり、温暖前線の接近により、850hPaより下層に前線ができる。4日9時のつくば市館野の高層観測データをみると、930hPaのすぐ下層で気温が逆転している(図25)。

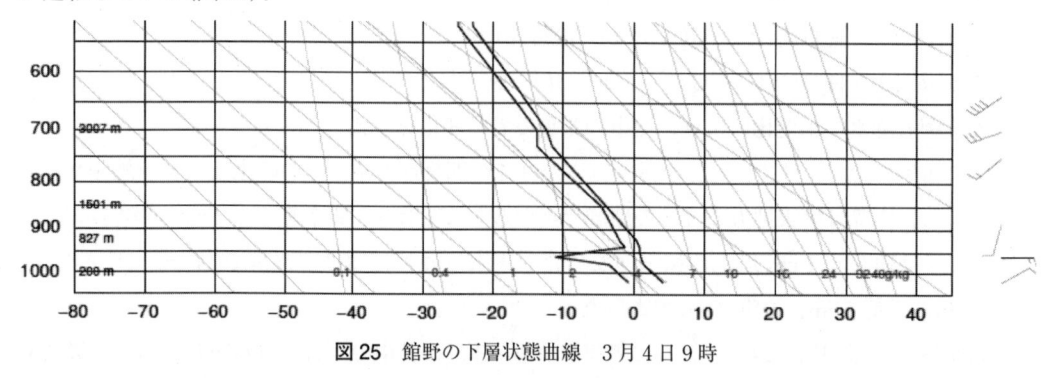

図25 館野の下層状態曲線 3月4日9時

これらのことから、

『ただし、冬季の関東地方の降水は低気圧に伴う温暖前線や局地的な前線付近で降り始めることが多い。その際、850hPaより下に前線面があると前線性逆転層があるために、その付近で気温が(⑦逆転)し気温が高くなるので、地上の気温と850hPa高度での気温差が(⑧小さ)くなることになり、したがって、850hPaの気温は－6℃より(⑨高)くても、地上で(⑩雪)やみぞれにな

ることもある。実際、24時間予想図の850 hPaの東京付近の気温は、等値線から推測すると(⑪0)℃～(⑫-3)℃となっており-6℃より(⑨高)い。』
となる。

このあとは、東京の実際の地上気象観測データを用いての設問である。記事の読み方ができれば、あとは素直に答えればよい。

『表1は、3月3日から4日にかけての東京の気温、露点温度、相対湿度、降水量と、該当時間帯の降水に関する記事である。東京では3日20時15分から(⑬雨)が降り始め、4日1時30分から(⑭みぞれ)にかわり、2時50分から(⑩雪)になった。その後、雪が降り続き、12時30分には(⑭みぞれ)、14時00分には(⑬雨)となり、15時10分に降水が終わった。降水形態の変化を地上気温と対比してみると、(⑬雨)の降り始めである21時の気温は5.4℃、露点温度は-2.0℃と比較的乾燥していた。しかし、(⑭みぞれ)に変わった4日2時には気温1.4℃に下降し、露点温度-0.5℃と上昇して湿った大気となった。この事例では、関東地方の各観測点とも約2℃が(⑬雨)・(⑩雪)の境界になった。

一般に、関東地方では発達中の低気圧が八丈島またはその南を通過すると(⑩雪)、それより北を通過するときは(⑬雨)になりやすいといわれている。これは、低気圧が南を進むと関東地方北部を中心に滞留する冷たい気塊（滞留気塊）が南部にも広がり、沿岸を吹く北東気流が関東地方に冷気をもたらして、(⑩雪)になりやすくなり、一方、低気圧が南岸に接近しすぎると低気圧自身が相対的に暖かい空気を南から運んでくるため、(⑬雨)になりやすいためである。ただし、低気圧のコースだけでは降水形態の予測が難しいので、関東地方の局地天気図を基に(⑮風)、(⑯気温)、(⑰湿度)の時間的、地域的変化をつかんで予想する必要がある。』

ここで、設問15、16、17については、「風」、「気温」、「湿度」のいずれかが入ればよい。

関東地方の雨雪判別で雪になるためのポイントをまとめると、以下の通りである。
①850 hPaの気温が-3℃以下になる。

0℃等値線をマークして下層寒気の流入具合を見る。この事例では、関東地方は-3℃位が予想されていた。
②下層(地上)の空気が乾燥している。

乾燥していると、雨の降り始めで、雨粒が落下中に蒸発して、空気中から蒸発熱を奪い、急激に気温を下げる。この事例でも東京などで相対湿度が30％くらいと、前日から空気が乾燥していた。なお、関東地方では北部山沿いで急速に気温が下がり雪になり、この地域から南部平野部まで冷気が南下し、雪の地域が広がることがしばしばみられる。
③地上気温が2℃以下になる。

地上気温を2℃まで下げる要因として、雨の蒸発効果、下層の滞留寒気（放射冷却などによる）、北東風による寒気移流などがある。雨から雪に、逆に雪から雨に変わるときは要因を考察しながら、2℃線をマークするとよい。今回の事例のように雨から雪に変わるときは、雨域の広がりに追随して降雪域が周囲に広がるのがしばしばみられる。

気象予報士模擬試験問題（普及版）　　　定価は表紙に表示

2007年12月 5 日　初　版第 1 刷
2012年 6 月10日　普及版第 1 刷

編 者　気象予報技術研究会
発行者　朝　倉　邦　造
発行所　株式会社　朝　倉　書　店

東京都新宿区新小川町6-29
郵便番号　　162-8707
電　話　03（3260）0141
F A X　03（3260）0180
http://www.asakura.co.jp

〈検印省略〉

© 2007〈無断複写・転載を禁ず〉　　　中央印刷・渡辺製本

ISBN 978-4-254-16125-0　C 3044　　　Printed in Japan

JCOPY　＜(社)出版者著作権管理機構　委託出版物＞

本書の無断複写は著作権法上での例外を除き禁じられています．複写される場合は，そのつど事前に，(社)出版者著作権管理機構（電話 03-3513-6969，FAX 03-3513-6979，e-mail: info@jcopy.or.jp）の許諾を得てください．

気象予報技術研究会編　前気象庁 新田　尚・
前気象庁 二宮洸三・前気象庁 山岸米二郎編集主任

気象予報士合格ハンドブック

16121-2　C3044　　　　B 5 判 296 頁　本体5800円

合格レベルに近いところで足踏みしている受験者を第一の読者層と捉え，本試験を全体的に見通せる位置にまで達することができるようにすることを目的とし，実際の試験に即した役立つような情報内容を網羅することを心掛けたものである。内容は，学科試験（予報業務に関する一般知識，気象業務に関する専門知識）の17科目，実技試験の3項目について解説する。特に，受験者の目線に立つことを徹底し，合格するためのノウハウを随所にちりばめ，何が重要なのかを指示，詳説する。

前気象庁 新田　尚・東大住　明正・前気象庁 伊藤朋之・
前気象庁 野瀬純一編

気象ハンドブック（第3版）

16116-8　C3044　　　　B 5 判 1032 頁　本体38000円

現代気象問題を取り入れ，環境問題と絡めたよりモダンな気象関係の総合情報源・データブック。［気象学］地球／大気構造／大気放射過程／大気熱力学／大気大循環［気象現象］地球規模／総観規模／局地気象［気象技術］地表からの観測／宇宙からの気象観測［応用気象］農業生産／林業／水産／大気汚染／防災／病気［気象・気候情報］観測値情報／予測情報［現代気象問題］地球温暖化／オゾン層破壊／汚染物質長距離輸送／炭素循環／防災／宇宙からの地球観測／気候変動／経済［気象資料］

前気象庁 山岸米二郎監訳

オックスフォード辞典シリーズ

オックスフォード気象辞典

16118-2　C3544　　　　A 5 判 320 頁　本体7800円

1800語に及ぶ気象，予報，気候に関する用語を解説したもの。特有の事項には図による例も掲げながら解説した，信頼ある包括的な辞書。世界のどこでいつ最大の雹が見つかったかなど，世界中のさまざまな気象・気候記録も随所に埋め込まれている。海洋学，陸水学，気候学領域の関連用語も収載。気象学の発展に貢献した重要な科学者の紹介，主な雲の写真，気候システムの衛星画像も掲載。気象学および地理学を学ぶ学生からアマチュア気象学者にとり重要な情報源となるものである

防災科学研 岡田義光編

自 然 災 害 の 事 典

16044-4　C3544　　　　A 5 判 708 頁　本体22000円

〔内容〕地震災害-観測体制の視点から（基礎知識・地震調査観測体制）／地震災害-地震防災の視点から／火山災害（火山と噴火・災害・観測・噴火予知と実例）／気象災害（構造と防災・地形・大気現象・構造物による防災・避難による防災）／雪氷環境防災（雪氷環境防災・雪氷災害）・土砂災害（顕著な土砂災害・地滑り分類・斜面変動の分布と地帯区分・斜面変動の発生原因と機構・地滑り構造・予測・対策）／リモートセンシングによる災害の調査／地球環境変化と災害／自然災害年表

日本雪氷学会監修

雪 と 氷 の 事 典

16117-5　C3544　　　　A 5 判 784 頁　本体25000円

日本人の日常生活になじみ深い「雪」「氷」を科学・技術・生活・文化の多方面から解明し，あらゆる知見を集大成した本邦初の事典。身近な疑問に答え，ためになるコラムも多数掲載。〔内容〕雪氷圏／降雪／積雪／融雪／吹雪／雪崩／氷／氷河／極地氷床／海氷／凍上・凍土／雪氷と地球環境変動／宇宙雪氷／雪氷災害と対策／雪氷と生活／雪氷リモートセンシング／雪氷観測／付録（雪氷研究年表／関連機関リスト／関連データ）／コラム（雪はなぜ白いか？／シャボン玉も凍る？他）

前東北大 浅野正二著

大 気 放 射 学 の 基 礎

16122-9　C3044　　　　A 5 判 280 頁　本体4900円

大気科学，気候変動・地球環境問題，リモートセンシングに関心を持つ読者向けの入門書。〔内容〕放射の基本則と放射伝達方程式／太陽と地球の放射パラメータ／気体吸収帯／赤外放射伝達／大気粒子による散乱／散乱大気中の太陽放射伝達／他

気象研 藤部文昭著
気象学の新潮流1

都市の気候変動と異常気象
――猛暑と大雨をめぐって――

16771-9　C3344　　　　A 5 判 176 頁　本体2900円

本書は，日本の猛暑や大雨に関連する気候学的な話題を，地球温暖化や都市気候あるいは局地気象などの関連テーマを含めて，一通りまとめたものである。一般読者をも対象とし，啓蒙的に平易に述べ，異常気象と言えるものなのかまで言及する。

上記価格（税別）は 2012 年 5 月現在

気象予報士模擬試験問題

学科試験
予報業務に関する一般知識

解答時間　60分間

気象予報士模擬試験問題　（学科、一般知識）

問1　大気の鉛直構造について述べた次の文(a)〜(d)の正誤に関する①〜⑤の記述のうち、正しいものを一つ選べ。

(a) 大気の最下層で地表面に接している厚さ1kmオーダーの気層を、大気境界層という。

(b) 地表面から上空約80kmでは、乾燥空気の化学組成の大きな違いはない。

(c) 大気境界層の上端から上空に向かって、東西風の鉛直分布に応じて、対流圏、成層圏、中間圏、熱圏と分類されている。

(d) 地球大気の全質量の約90％は、高度約16km以下の気層に含まれている。

① (a)のみ誤り
② (b)のみ誤り
③ (c)のみ誤り
④ (d)のみ誤り
⑤ すべて正しい

問2　水蒸気に関する次の文(a)〜(d)の正誤の組み合わせについて、①〜⑤の中から正しいものを一つ選べ。

(a) 飽和水蒸気圧は、温度のみの関数として表現され、気圧とは関係しない。

(b) 混合比は、水蒸気と乾燥空気との質量比であり、水蒸気の質量/乾燥空気の質量として定義される。

(c) 飽和混合比は飽和した状態の混合比であり、温度と気圧の関数である。同じ温度であれば、気圧が大きいほど飽和混合比も大きい。

(d) 相対湿度は(水蒸気圧/飽和水蒸気圧)を％表示した値である。したがって、相対湿度が高くとも、混合比が大きいとは限らない。

	(a)	(b)	(c)	(d)
①	正	正	誤	正
②	正	誤	正	誤
③	正	誤	誤	誤
④	誤	正	正	正
⑤	誤	誤	正	正

問3　大気成層の安定性に関する次の文(a)～(d)の正誤の組み合わせについて、①～⑤の中から正しいものを一つ選べ。

(a) CAPE(対流有効位置エネルギー)の算出においては、下層の気塊を仮想的に上昇させ(未飽和なら乾燥断熱上昇、飽和なら湿潤断熱上昇)、気塊の温度と外界の気温差を求めている。この計算には外界の大気の水蒸気量は関係しない。

(b) 対流不安定は相当温位の鉛直分布に基づいて判定されるから、気温と水蒸気量の鉛直分布が知られていなければならない。

(c) 対流不安定の増加は、上層における寒気移流、乾気移流、下層における暖気移流、湿気移流、および上昇流によって引き起こされる。

(d) 対流不安定の増加は、大気最下層における地表・海面からの加熱、水蒸気の補給によっても引き起こされる。

	(a)	(b)	(c)	(d)
①	正	正	正	正
②	正	正	誤	誤
③	正	誤	正	正
④	正	誤	誤	正
⑤	誤	正	誤	誤

問4　雲粒について述べた次の文(a)〜(d)の正誤について、正しいものを下記の①〜⑤の中から一つ選べ。

(a) 清浄な空気中では、相対湿度が100％を超しても、雲粒は容易に生じない。これは、水滴の表面張力が水蒸気の凝結を妨げるからである。

(b) 水滴からなる雲粒は、水蒸気の凝結を助長する凝結核を芯として形成される。自然大気中にあって、吸湿性をもち、低い過飽和度で雲粒や霧粒形成に寄与する比較的大きな凝結核を雲(粒)核という。

(c) 雲(粒)核として雲粒形成に寄与する代表的な吸湿性微粒子は、塩化ナトリウム、硫酸、および硫酸アンモニウムの微粒子で、主な組成が塩化ナトリウムである微粒子の多くは海水の飛沫を起源としている。

(d) 一般に、海上に形成される雲内では、陸上に形成される雲内に比べて、単位体積あたりの雲粒核の数密度が小さいので、雲粒の数は少なく大きさが大きい。雲粒の大きさが大きいことは、雲粒が雨滴へ成長するための有利な条件であるが、雲粒の数が少ないことは、降水が生ずるための不利な条件になる。

① (a)のみ誤り
② (b)のみ誤り
③ (c)のみ誤り
④ (d)のみ誤り
⑤ すべて正しい

問5　地球は太陽放射を吸収して暖まる一方地球自身は絶えず放射して熱を失っている。吸収と放射が釣り合い地球の温度が変化しないときの温度を放射平衡温度という。放射平衡温度を考えるとき重要な、放射に関する基本法則類について述べた次の文(a)～(d)の正誤の組み合わせについて、下記の①～⑤の組み合わせの中から正しいものを一つ選べ。

(a) 黒体からの放射強度はその絶対温度の4乗に逆比例する。

(b) 黒体の放射強度が最大となる波長は絶対温度に比例する。

(c) 放射をよく吸収する物体は自らもよく放射する。

(d) 現実の物体はつねに黒体と同じ強度で電磁波を発している。

	(a)	(b)	(c)	(d)
①	正	正	正	正
②	正	誤	誤	誤
③	誤	正	誤	誤
④	誤	誤	正	誤
⑤	誤	誤	誤	正

問6　シベリア高気圧に関する次の文(a)〜(d)の記述の正誤の組み合わせについて、下記①〜⑤の中から正しいものを選べ。

(a) ある地点の地上気圧は、その地点上の空気柱の質量に働く重力によって決定される。

(b) 空気柱の質量が一定であれば、地上気圧は変化しない。空気柱が低温になり、空気の密度が増加しただけでは地上気圧は変化しない。

(c) 空気柱の総質量は、気柱の全体の質量発散によって変化する。質量収束があれば、気柱質量は増加し地上気圧が増加する。したがって、気柱下部の冷却による低温が、結果として質量収束を引き起こさなければ、地上気圧は増加しない。

(d) 静力学平衡や層厚のみから、地上気圧が決定されると説明することは誤りである。

	(a)	(b)	(c)	(d)
①	正	正	正	正
②	正	正	誤	誤
③	正	誤	誤	正
④	誤	正	誤	正
⑤	誤	誤	正	正

問7 渦度についての次の文(a)〜(d)の記述の正誤の組み合わせに関して、下記の①〜⑤の中から正しい番号を一つ選べ。

(a) 渦度は、ある平面上の面積素分を考え、その素分の外周に沿って流体の接線速度を積分し、その値を素分の面積で除算した数値として定義される物理量である。円板とともに運動する流体の場合では渦度＝2×円板の角速度となる。

(b) 地上天気図や高層天気図で計算される渦度は、平面上の流れの渦度だから、渦度の水平成分である。

(c) 台風や竜巻など、円運動に近い流れの渦度を極座標を用いて計算すると、シアーと曲率の項が求められる。(x, y)座標系の渦度($=\partial v/\partial x - \partial u/\partial y$)では曲率の項が現れないので、渦度は正確に計算されない。

(d) 大規模擾乱に伴う渦度の大きさは、通常コリオリ因子より1桁小さい。

	(a)	(b)	(c)	(d)
①	正	正	誤	誤
②	正	誤	正	正
③	正	誤	誤	誤
④	誤	正	誤	正
⑤	誤	誤	正	正

問8　寒冷低気圧（寒冷渦）・寒気内低気圧について述べた次の文(a)～(d)の正誤に関して、下記の①～⑤の中から正しいものを一つ選べ。

(a) 寒気内低気圧とは、総観規模の低気圧の後面（西側）で、かつ低気圧に伴う寒冷前線の北側に位置する寒気流の中で発生するメソスケールの低気圧の総称である。ポーラーローとは、寒気内低気圧の一種であり、一般にメソのスケールのものをいう。

(b) 対流圏中・上層に現れる大規模（総観規模）な寒気を伴う低気圧を上層寒冷低気圧、あるいは略して寒冷低気圧（寒冷渦）と呼ぶ。

(c) 寒冷低気圧の上空では、圏界面がロート状にくぼみ、そこでは周囲より高温である。

(d) 上層寒冷低気圧は、西進する（東から西に進む）ことはない。

① (a)のみ誤り
② (b)のみ誤り
③ (c)のみ誤り
④ (d)のみ誤り
⑤ すべて正しい

問9　海陸風について述べた次の文章の空欄を埋める正しい語句を表す記号の組み合わせ①～⑤のうち、正しいものを一つ選べ。

　海陸風が起こる最も大きな要因は、海（海水）と陸地（土壌）の比熱の違いで、海水の比熱の方が土壌のそれより（a．大きい、b．小さい）こと、および陸地ではごく表層にのみ温度変化が起こるのに対し、海洋では比較的厚い海洋混合層全体で熱がストアーされることによる。昼間、地面温度が上昇し、それに接した大気下層が下から暖められ、陸上の大気は膨張し上昇するため、地表面上の気圧が（c．上がり、d．下がり）海上と陸上で気圧傾度ができ、海から陸に向かって風が吹く。これが海風である。一方、上昇した空気は、ある高度より上では断熱冷却により、同一高度の海上よりも温度が低く、気圧が（e．高く、f．低く）なるので、上層では陸から海に向かう流れができ、これを反流という。夜間は定性的に昼間の逆になり、陸から海に向かう陸風となり、反流は、海から陸に向かって風が吹く。最大風速は海風の方が陸風より（g．大きく、h．小さく）、最大風速が現れる高さは海風の方が陸風より（i．高い、j．低い）。

① a、c、e、h、j
② a、c、f、g、j
③ a、d、e、g、i
④ b、d、f、h、i
⑤ b、d、e、g、j

問10 温室効果ガスについて述べた次の文(a)～(d)の下線部の正誤の組み合わせについて、下記の①～⑤の組み合わせの中から正しいものを一つ選べ。

(a) 地球大気を構成する気体のなかで温室効果をもつ気体を温室効果ガスという。酸素、水蒸気、二酸化炭素、メタン、一酸化二窒素、フロンは温室効果ガスである。

(b) 近年人類の放出する二酸化炭素は、約半分が海洋および陸上植物などに吸収され、約半分が大気中に残留する。

(c) 大気中の二酸化炭素濃度は、産業革命以前の水準に比べ現在は2倍以上に増加した。

(d) 地球に大気が全く存在しなければ大気による温室効果は期待できず、単純な黒体放射における平衡の考えから、大気をもたない地球表面の平均温度は現状より約10℃程度低いものと考えられる。

	(a)	(b)	(c)	(d)
①	正	正	正	正
②	正	誤	誤	誤
③	誤	正	誤	誤
④	誤	誤	正	誤
⑤	誤	誤	誤	正

問11 エルニーニョ現象について述べた次の文(a)～(d)の正誤について正しいものを下記の①～⑤の中から一つ選べ。

(a) エルニーニョ現象とは、熱帯太平洋のほぼ東半分にわたる広い海域で、数年おきに海面水温が平年に比べて1～2℃(ときには2～5℃以上)高くなり、その状態が半年から1年半程度持続する現象である。

(b) 気象庁では、エルニーニョ監視海域の月平均海面水温の基準値との差を5か月移動平均した値が、6か月以上続けて＋0.5℃以上となった場合をエルニーニョ現象と定義している。

(c) 気象庁では、エルニーニョ現象の発生や終息の時期を季節単位ではなく月単位で発表している。

(d) エルニーニョ現象は世界中の天候に様々な影響を及ぼす。日本の天候への影響としては、たとえば冬(12～2月)の気温としては東日本から西日本そして南西諸島にかけて「平年並～高い」となりやすい、つまり暖冬傾向がみえる。

① (a)のみ誤り
② (b)のみ誤り
③ (c)のみ誤り
④ (d)のみ誤り
⑤ すべて正しい

問12 気象業務法の目的を規定した次の条文の空欄(a)〜(d)に入る語句の組み合わせとして正しいものを、下記の①〜⑤の中から一つ選べ。

この法律は、気象業務に関する基本的制度を定めることによつて、気象業務の(a)を図り、もつて(b)、交通の安全の確保、産業の興隆等(c)に寄与するとともに、気象業務に関する(d)を行うことを目的とする。

	(a)	(b)	(c)	(d)
①	資質の向上	災害の予知	公共の安全の保持	技術革新
②	健全な発達	災害の予防	公共の福祉の増進	国際的協力
③	適正な運営	災害の予知	社会秩序の維持	国際的協力
④	健全な発達	災害の警戒	社会秩序の維持	国際的協力
⑤	適正な運営	災害の予防	公共の福祉の増進	技術革新

問13 気象観測に関して述べた次の文(a)〜(d)の正誤について、下記の①〜⑤の中から正しいものを一つ選べ。

(a) 気象庁長官は、気象に関する観測網を確立するため必要があると認めるときは、気象観測施設の設置を届け出た者に対し、観測の成果の報告を求めることができる。

(b) 民間スキー場が災害防止を目的として観測施設を設置する場合は、気象庁長官の許可を受けなければならない。

(c) 予報業務の許可を受けた者が当該予報業務のために気象の観測を行う場合は、国土交通省令で定める技術上の基準に従う必要はない。

(d) 県立高校が教育のために、気温、気圧、風向・風速、降水量を観測する施設を設置した場合は、その旨を気象庁長官に届け出なければならない。

① (a)と(b)が誤り
② (a)と(d)が誤り
③ (b)と(c)が誤り
④ (b)と(d)が誤り
⑤ (c)と(d)が誤り

問14 警報事項の通知を受けた機関等の措置に関する規定について述べた次の文(a)〜(d)の正誤について、下記の①〜⑤の中から正しいものを一つ選べ。

(a) 東日本電信電話株式会社、西日本電信電話株式会社、警察庁及び都道府県の機関は、気象庁から通知された警報事項を、直ちに関係市町村長に通知しなければならない。

(b) 市町村長は、都道府県の機関から通知された警報事項を、直ちに公衆及び所在の官公署に周知させるように努めなければならない。

(c) 国土交通省の機関は、気象庁から通知された警報事項を、直ちに航行中の航空機に周知させるように努めなければならない。

(d) 日本放送協会の機関は、気象庁から通知された警報事項を、直ちに放送しなければならない。

① (a)のみ誤り
② (b)のみ誤り
③ (c)のみ誤り
④ (d)のみ誤り
⑤ すべて正しい

問15 災害対策基本法の目的を規定した次の条文の空欄(a)〜(c)に入る語句の組み合わせとして正しいものを、下記の①〜⑤の中から一つ選べ。

　　この法律は、国土並びに国民の生命、身体及び(a)を災害から保護するため、防災に関し、(b)及びその他の公共機関を通じて必要な体制を確立し、責任の所在を明確にするとともに、防災計画の作成、災害予防、災害応急対策、災害復旧及び防災に関する財政金融措置その他必要な災害対策の基本を定めることにより、総合的かつ計画的な防災行政の整備及び推進を図り、もつて(c)の維持と公共の福祉の確保に資することを目的とする。

	(a)	(b)	(c)
①	財産	都道府県、市町村	地域の安全
②	財産	国、地方公共団体	社会の秩序
③	財産	国、都道府県	安全な生活
④	生活	都道府県、市町村	社会の秩序
⑤	生活	国、地方公共団体	地域の安全

気象予報士模擬試験問題

学科試験
予報業務に関する専門知識

解答時間　60分間

問1　気象庁が航空気象官署を除く一般気象官署で行っている地上気象観測について述べた次の文(a)～(d)の正誤について、下記の①～⑤の中から正しいものを一つ選べ。

(a) 気圧の観測値には、観測地点における実測値である現地気圧と、これを平均海面上の値に換算(海面更正)した海面気圧がある。海面更正は下層大気の平均的な気温減率を用いて観測点と海面間の平均仮温度を推定して行われる。地上天気図上に表記される気圧値はこの海面気圧である。

(b) 気温の観測では、通風筒内に収納した気温センサーを地上 1.5 m の高さに設置して行うことを基準としており、積雪がある場合は雪面上 1.5 m の高さを維持することとしている。なお、地上天気図上に表記される気温は、平均的な温度減率を用いて算出した海面更正値である。

(c) 風向・風速とは、通常、観測時前 10 分間の平均風向・風速であり、また日平均風速は毎正時の観測値の算術平均値である。
　なお、風向風速計は地上 10 m の高さに設置することを基準としているが、この基準高度より高所に設置されている風向風速計もあるので、観測値を利用する際には設置高度に留意する必要がある。

(d) 日照時間は、直射日光(一定値を超す強度の直達日射)が地表を照射した時間で、太陽の中心が東の地(水)平線に現れてから西の地(水)平線に没するまでの時間を可照時間といい、可照時間に対する日照時間の相対比を日照率という。なお、地物による日照時間の伸縮は可照時間や日照率には考慮されない。

① (a)と(b)が正しい
② (a)と(c)が正しい
③ (a)と(d)が正しい
④ (b)と(c)が正しい
⑤ (c)と(d)が正しい

問2　気象庁の高層風観測網WINDASを構成するウインドプロファイラーについて述べた、次の文(a)〜(d)のアンダーラインの部分の正誤の組み合わせについて、下記の①〜⑤の組み合わせの中から正しいものを一つ選べ。

(a) 大気中に風の乱れがあり、乱渦に対応して温度の不均一が存在する場合には、乱渦は電波の屈折率の空間的な不均一を提供する。

(b) そのような大気に対して、地上から電波(1.3 GHz)を送ると、電波は乱渦により地上に向けて散乱される。このとき地上に向けて散乱される電波は、電波の波長の半分のサイズの乱渦からの散乱が最も強い。これをレイリー散乱という。

(c) 乱渦は風に流されて移動するので、散乱電波の周波数は、電波散乱を起こした乱渦を流す風速に応じたドップラー効果で、送信周波数からシフトする。周波数のシフト量から風の視線速度(電波受信方向の速度成分)が推定できる。

(d) 降水のある場合は、降水からのミー散乱電波を受信して同様に視線速度を得る。

	(a)	(b)	(c)	(d)
①	正	正	誤	誤
②	誤	誤	正	正
③	正	誤	誤	正
④	正	誤	正	誤
⑤	誤	正	誤	正

問3　レーダーはいろいろな仰角でアンテナを方位方向に360°回転させながら電波パルスを発射して、気象エコーを観測する。現在気象庁で運用中のドップラー気象レーダーについて述べた次の文(a)〜(d)の正誤の組み合わせについて、下記の①〜⑤の中から正しいものを一つ選べ。

(a) 気象エコーが受信される方位角と仰角および、電波パルスを発射してからエコーを受信するまでの時間を測ることにより気象エコー源の3次元的な位置を知ることができる。

(b) 時々刻々観測した気象エコー源の3次元的な位置とエコー強度を用いることにより、降水域、降水強度およびそれらの時間変化のデータが取得できる。

(c) 送信電波に対する気象エコーの周波数シフトから、風のビーム方向成分の水平面内の分布の様子が把握でき、シアライン、マイクロバースト、メソサイクロンなどの検出ができる。

(d) 一般に、風の場の観測は、降雨域の観測に比べて探知範囲が狭い。

① (a)のみ誤り
② (b)のみ誤り
③ (c)のみ誤り
④ (d)のみ誤り
⑤ すべて正しい

問4　静止気象衛星による水蒸気画像について述べた次の文章の空欄(a)〜(e)に入る語句の組み合わせについて、下記の①〜⑤の中から正しいものを一つ選べ。

　　水蒸気画像は、水蒸気による吸収率の(a)波長帯で、対流圏から射出される放射量を測定し、赤外画像同様、温度の低いところを明るく、温度の高いところを暗く画像化しているが、画像の明暗は対流圏(b)の水蒸気の多寡に対応している。対流圏(b)で水蒸気の少ない乾燥した部分は、画像では暗く見え、暗域と呼んでいる。対流圏(b)で水蒸気の多い湿った部分は、対流圏(b)の水蒸気や(b)雲から放射量が多く寄与するので温度が低く画像では明るく見え、明域と呼んでいる。画像の明域と暗域のパターンの移動や時間変化から水蒸気をトレーサーとして大気の流れを可視化でき、これからトラフやジェット気流の位置を推定できることがある。トラフは暗域と明域のコントラスト域を示す境界域でバウンダリーと呼ばれる(c)曲率の極大域に対応している。発達した低気圧に伴う明域のバルジの北縁近傍や帯状に見られる(d)側の暗域と(e)側の明域の境界付近にジェット気流が位置している。

	(a)	(b)	(c)	(d)	(e)
①	大きい	上・中層	低気圧性	暖気	寒気
②	小さい	下層	高気圧性	暖気	寒気
③	小さい	上・中層	低気圧性	寒気	暖気
④	大きい	上・中層	低気圧性	寒気	暖気
⑤	大きい	下層	高気圧性	寒気	暖気

問5　非静力学モデルに関する次の文(a)～(d)の正誤の組み合わせについて、①～⑤の中から正しいものを一つ選べ。

(a) 非静力学モデルでは、静力学平衡の式を使用しないで鉛直方向の運動方程式を用いる。

(b) 鉛直座標としては高度(z)座標あるいは気圧(p)座標系を用いる。

(c) 現実の大規模現象では、静力学平衡が成立しているから、非静力学モデルを使用しても、大規模現象の予測精度向上には効果が少ない。

(d) 非静力学モデルの効果が十分現れるためにはモデルが高分解能でなければならない。

	(a)	(b)	(c)	(d)
①	正	誤	正	正
②	正	誤	誤	正
③	誤	正	誤	誤
④	誤	誤	誤	正
⑤	誤	誤	正	誤

問6 乾燥大気（水蒸気を含まない大気）に対するプリミティブモデルに関する次の文(a)～(d)の正誤の組み合わせについて、①～⑤の中から正しいものを一つ選べ。

(a) プリミティブモデルの支配方程式系は、気圧(p)座標系を鉛直座標とする局所直交回転座標系の場合、水平風速のx成分uの運動方程式、水平風速のy成分vの運動方程式、静力学平衡の式、連続の式、および熱力学の式の5式である。

(b) このモデルの予測変数は、u、v、ω（鉛直p速度）、T、Zおよび地表気圧p_sの6個である（なお、比容αは、pおよびTを使用し状態方程式から求められるので、αは予測変数としては、カウントしていない）。

(c) したがって、もう一つの条件式が必要である。それは、連続の式を鉛直積分したときに使用される、大気上端で$\omega_0 = 0$の境界条件によって与えられる。

(d) プリミティブモデルでも水平分解能を増加させれば積雲対流も予測できる。

	(a)	(b)	(c)	(d)
①	正	正	正	誤
②	正	正	誤	誤
③	正	誤	正	正
④	誤	正	誤	正
⑤	誤	誤	正	誤

問7 数値予報の初期値の作成について述べた次の文(a)〜(e)の正誤に関する①〜⑤の組み合わせのうち、正しいものを一つ選べ。

(a) 気象観測データは、大別すると定時観測(地上気象観測、高層気象観測)データと非定時観測(気象レーダー観測、気象衛星観測、商用航空機観測など)データに分けられる。

(b) 解析-予報サイクルでは予報値を第1推定値とし、それに頻繁に(リアルタイムに)非定時観測データを取り入れることとデータ空白域に対して上流のデータが活用できることを目標としている。

(c) 初期値化を行うことにより、数値予報モデルと力学的に整合のとれた、バランスした初期値が得られ、それを用いることによってスムーズな予想図が出力される。

(d) 静力学近似を用いているプリミティブモデルでは、実用上初期値化は必ずしも必要ではない。

(e) 解析-予報サイクルでは、4次元データ同化のより進んだ手法(4次元変分法)を用いて、データ同化と初期値化が同時に行われている。

	(a)	(b)	(c)	(d)	(e)
①	正	正	正	誤	正
②	正	誤	正	誤	正
③	誤	正	誤	正	正
④	誤	正	正	誤	誤
⑤	正	誤	正	正	誤

問8　気象庁が発表する台風情報に関して述べた次の文(a)～(d)の正誤について、下記の①～⑤の中から正しいものを一つ選べ。

(a) 台風予報は、12、24、48、72時間先までのみ発表される。

(b) 24時間以内に台風になると予想した熱帯低気圧が北西太平洋域のどこかにあるとき、実況と24時間予報が発表される。

(c) 台風の強さの目安として、10分平均の最大風速だけが発表される。

(d) 台風進路予報図では、暴風警戒域は予報期間の暴風警戒域全体を囲む線で表示されている。

① (a)と(b)が誤り
② (a)と(c)が誤り
③ (b)と(c)が誤り
④ (b)と(d)が誤り
⑤ (c)と(d)が誤り

問9　気象庁から発表されるガイダンスは、数値予報の予測する気象要素を客観的・統計的に天気要素に翻訳する手法で作成されている。これらのガイダンスについて述べた次の文(a)～(d)の正誤について下記の①～⑤の中から正しいものを一つ選べ。

　　(a) 降水確率ガイダンスは、当該対象地域内の平均的な降水確率であり、対象地域内のどの地点でも同じ確率を与える。

　　(b) 風ガイダンスは、積乱雲に伴う突風やダウンバーストも予測している。

　　(c) 降水量ガイダンスにより、数値予報モデルの前線や擾乱の移動に伴う予想位置の遅れや進みによる降水域の位置的なずれの誤差も軽減できる。

　　(d) 気温ガイダンスにより、数値予報に組み込まれている地形の標高と実際の標高の違いによって生じる地上気温の誤差を軽減できる。

① (a)と(b)が誤り
② (a)と(d)が誤り
③ (b)と(c)が誤り
④ (b)と(d)が誤り
⑤ (c)と(d)が誤り

問10 週間天気予報における基本場について述べた次の文章の下線部(a)〜(d)の正誤について、下記の①〜⑤の中から正しいものを一つ選べ。

　週間天気予報では、実況の把握や予報期間における基本的な大気の流れの場を理解するため、5日平均の北半球500hPa高度・高度偏差図を解析する。たとえば500hPaの気圧の谷が日本付近にあるのか、日本の西の方にあるのか、あるいは東の方にあるかなどに着目することで、高・低気圧の動きや発達の状況あるいは天候ベースの変化などを把握することができる。

　500hPaの(a)気圧の谷が日本の西方（大陸東岸付近）にある場合を西谷場という。このとき日本付近では南西の流れが卓越して、南からの暖かく湿った空気が流れ込みやすくなる。このとき、(b)日本付近の天気は曇りや雨の日が多くなり、降水量も多くなることが予想される。これとは逆に日本の東方に気圧の谷がある場合は東谷場という。このとき日本付近では北西の流れが卓越し、低気圧はあまり発達しない。(c)冬の場合には、東谷場になると西高東低の冬型の気圧配置が現れやすくなり全国的に乾燥した晴天が続くという天気ベースが予想される。

　下の図はある年の9月の5日平均北半球500hPa高度・高度偏差図である。(d)この図は西谷場を示しており、この期間の天気は曇りや雨の日が多かった。

① (a)のみ誤り
② (b)のみ誤り
③ (c)のみ誤り
④ (d)のみ誤り
⑤ すべて正しい

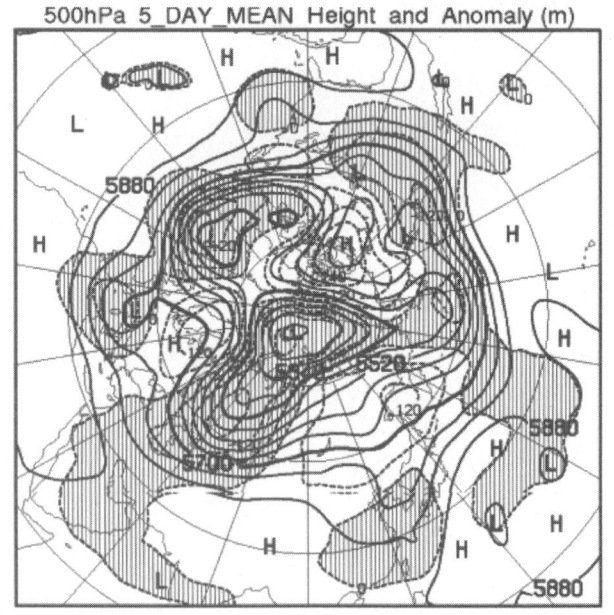

北半球500hPa5日平均高度・高度偏差図
（気象庁「週間予報支援図」より）

問11 アンサンブル予報について述べた次の文章の下線部(a)〜(d)の正誤について、下記の①〜⑤の中から正しいものを一つ選べ。

　　アンサンブル予報は観測誤差程度のわずかな違いのある複数の初期値をもとに数値予報を行い、(a)それら複数の予報結果を統計的に処理することで、有効な予測情報を引き出す方法である。アンサンブル予報にはいくつかのメリットがある。その一つは予報精度の向上である。すべてのアンサンブルメンバーの予報結果を算術平均したのがアンサンブル平均予報であるが、アンサンブル平均予報では個々のメンバーがもつランダムな誤差は打ち消しあい、(b)単独予報に比べて精度が向上する。これがアンサンブル予報の目的の一つである。
　　個々のアンサンブルメンバーによる予報の結果にばらつきがあるが、そのばらつきをスプレッドという形で表している。(c)スプレッドは個々のメンバーのアンサンブル平均からのずれを2乗平均して求められる。(d)スプレッドの大きさから予報の信頼度の情報を得ることができる。これが二つ目のメリットである。またアンサンブル予報では確率分布が得られるので確率予報として発表できる。

① (a)のみ誤り
② (b)のみ誤り
③ (c)のみ誤り
④ (d)のみ誤り
⑤ すべて正しい

問12 鹿児島における、ある日の状態曲線(00UTC または 12UTC)(A欄)、ウインドプロファイラー(B欄)と該当する時刻の地上天気図(C欄)である。状態曲線に対応するウインドプロファイラーデータと地上天気図の組み合わせで、正しいものを全て選べ。
　ここで、状態曲線の赤は気温、青は露点温度、橙は相当温位であり、風速は矢羽1本が2m/sである。ウインドプロファイラーの陰影は、aは水平風の鉛直シアー、bおよびcはS/N比(受信強度)である。

① 1-a-ア　② 1-b-イ　③ 1-c-ウ
④ 2-b-ア　⑤ 2-a-イ　⑥ 2-c-ウ
⑦ 3-a-ア　⑧ 3-c-イ　⑨ 3-b-ウ

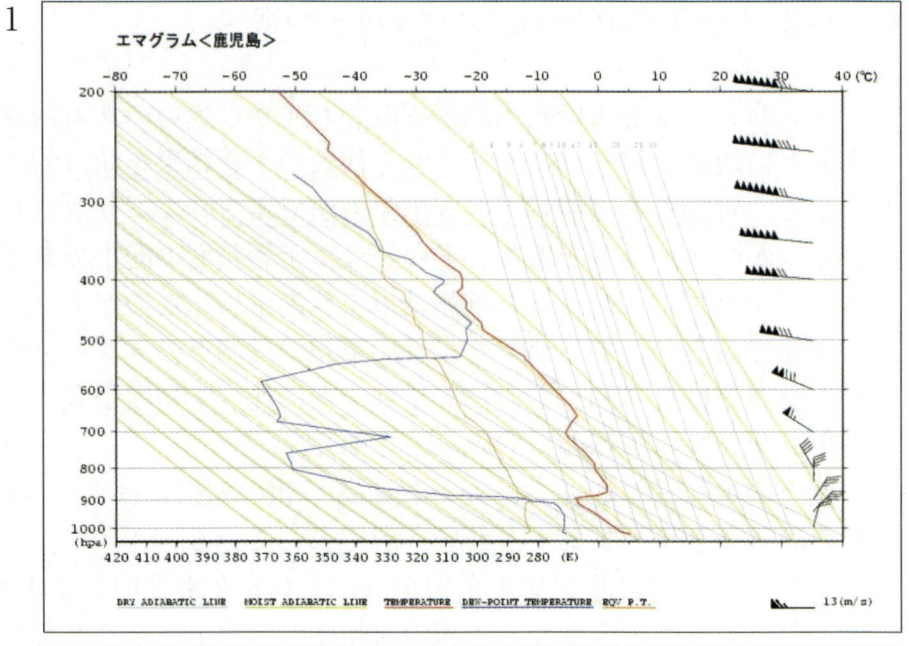

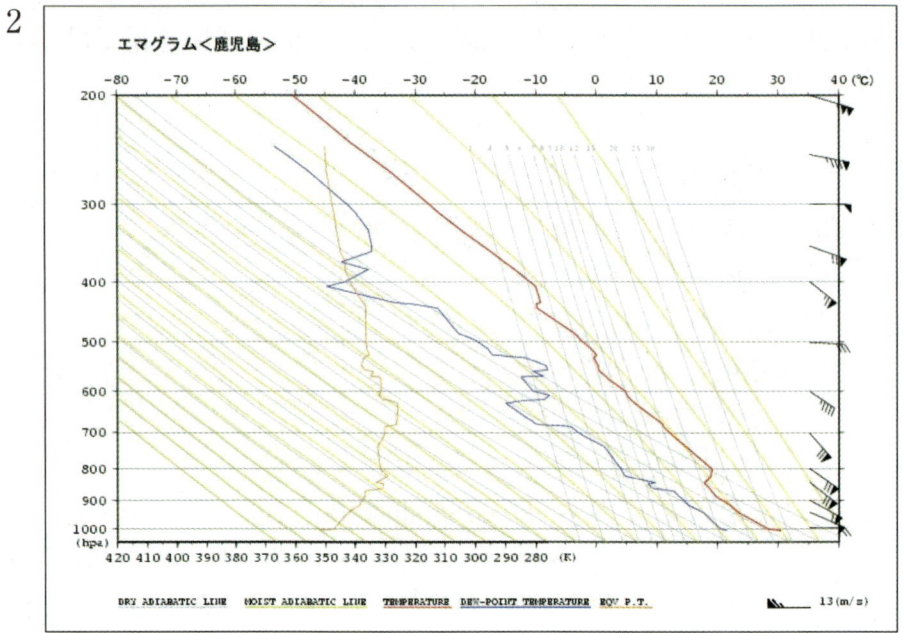

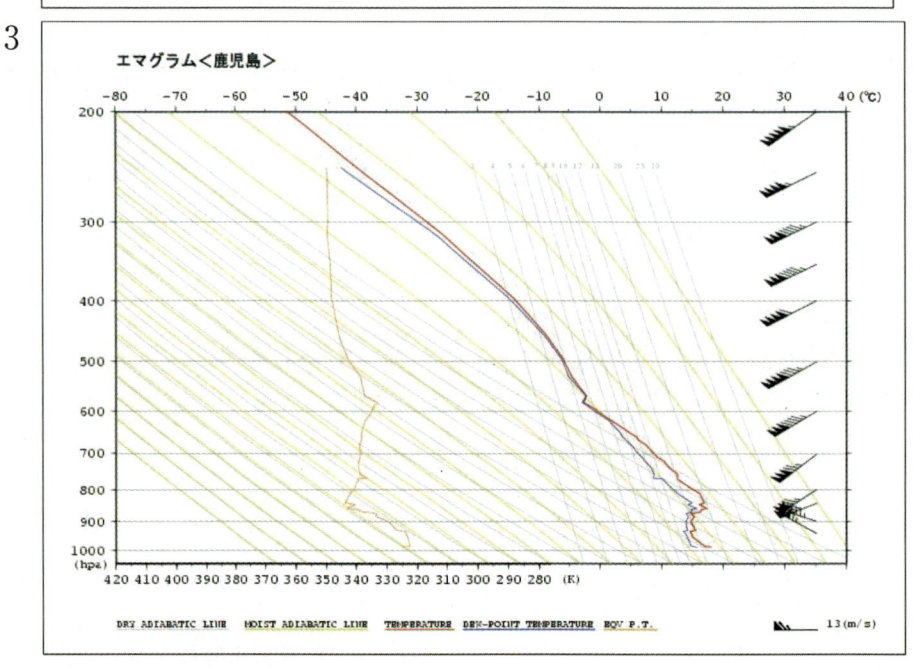

気象予報士模擬試験問題　（学科、専門知識）　12

A欄

1. エマグラム＜鹿児島＞

2. エマグラム＜鹿児島＞

3. エマグラム＜鹿児島＞

B欄

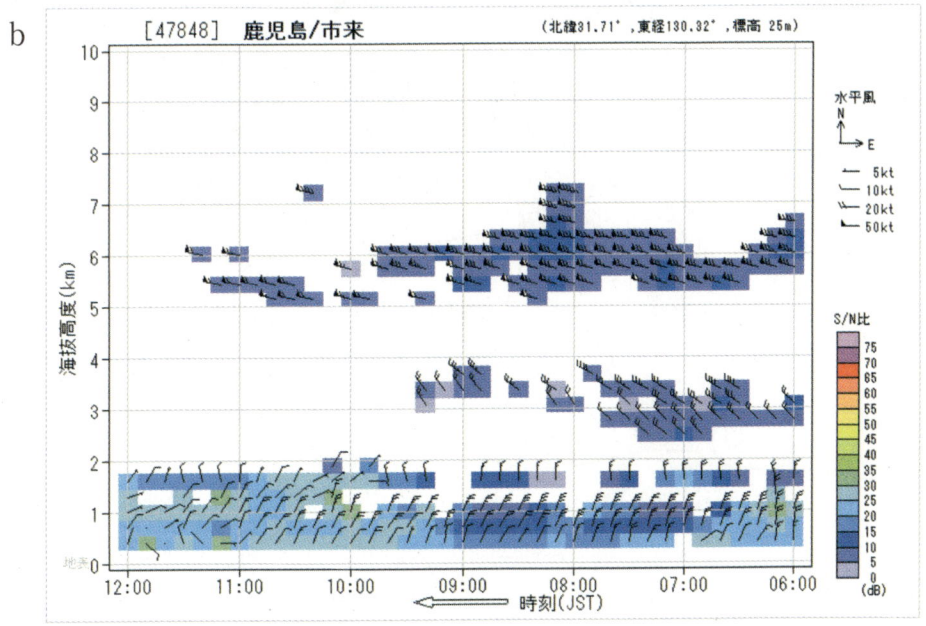

a

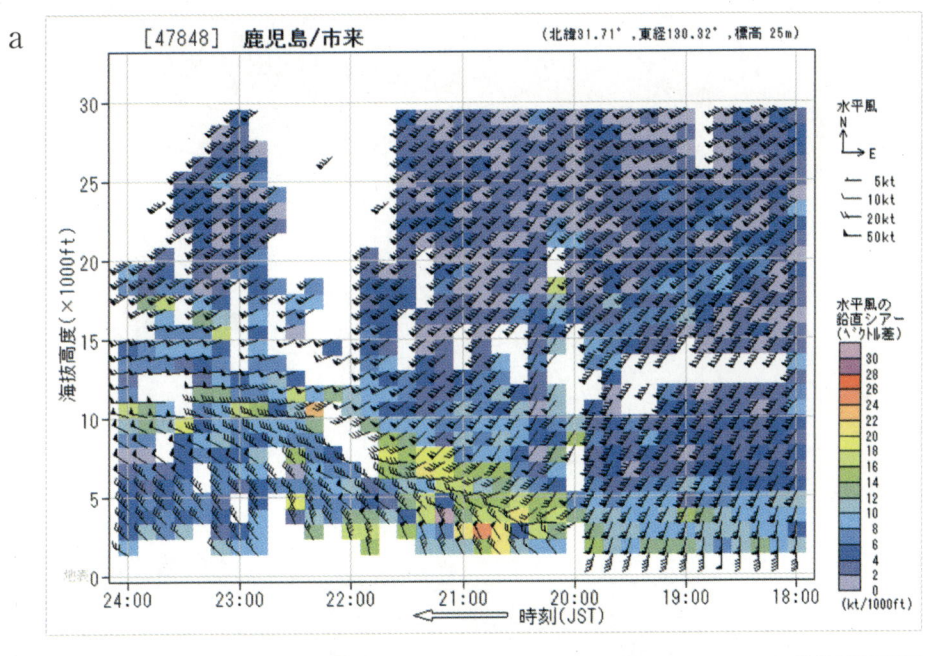

[47848] 鹿児島／市来

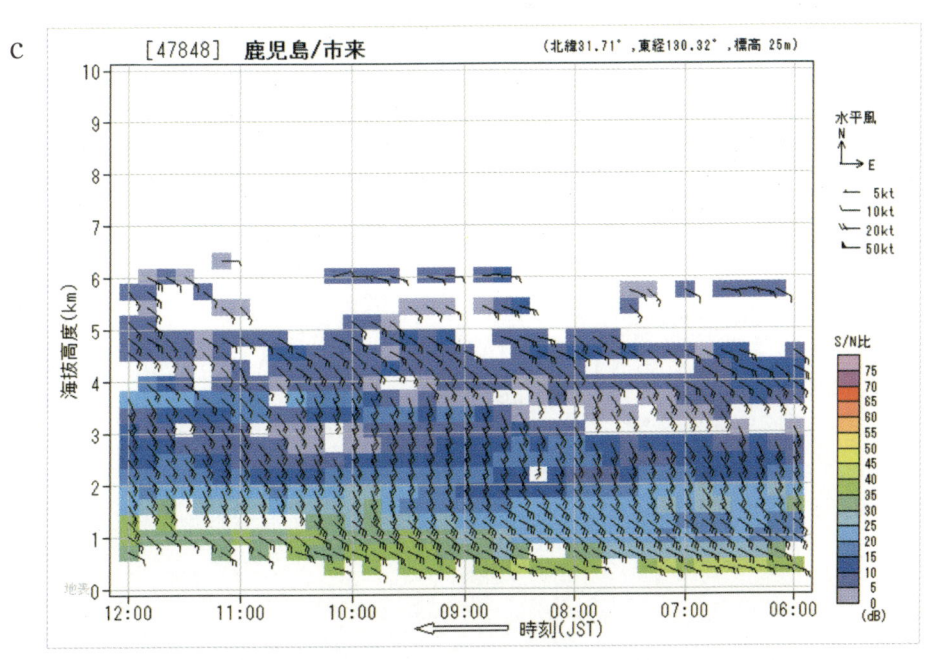

b

[47848] 鹿児島／市来

c

[47848] 鹿児島／市来

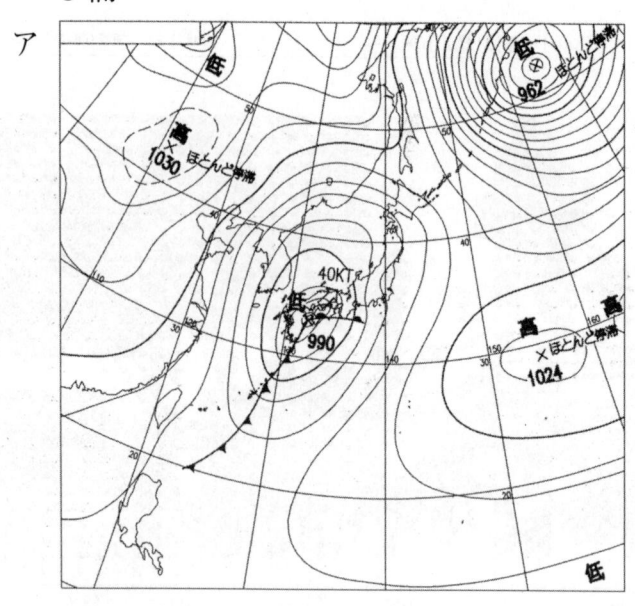

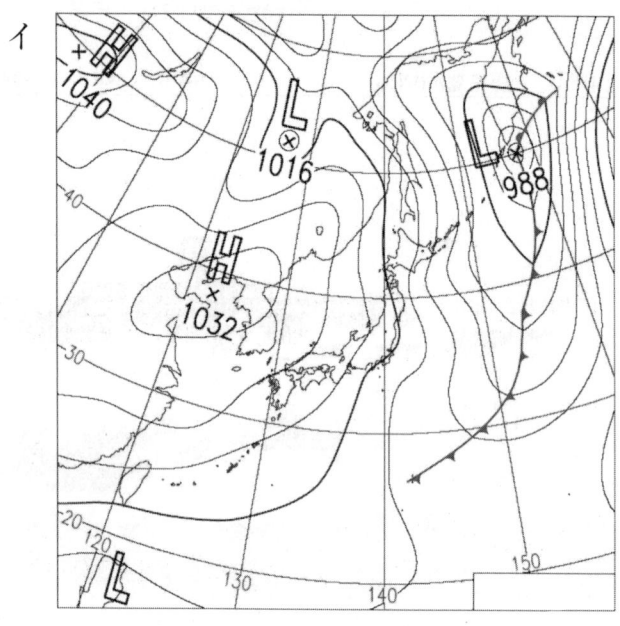

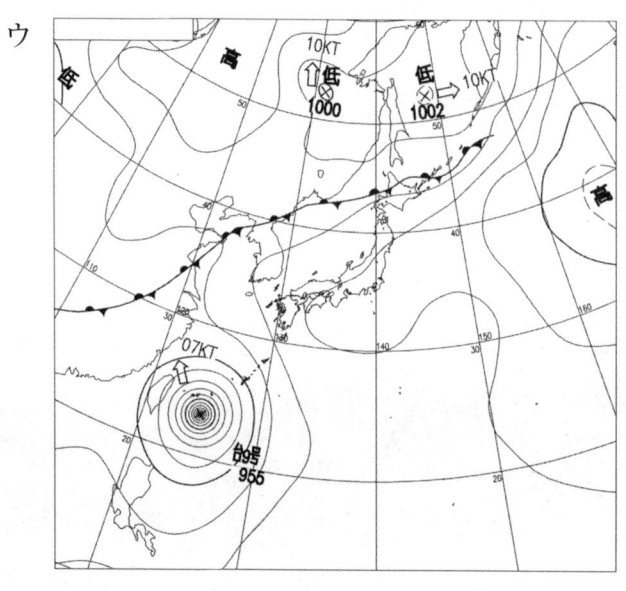

C欄

ア

イ

ウ

問 13　気象庁が発表する降水短時間予報について述べた次の文章の空欄(a)〜(d)に入る語句の組み合わせとして正しいものを、下記の①〜⑤の中から一つ選べ。

　気象庁の発表する降水短時間予報では、1km格子ごとの(a)を用いて算出した移動ベクトルによって初期の降水分布を移動させて6時間後までの降水分布を30分ごとに予想している。これは(b)による降水量予測であり、この計算過程の中では地形によって降水量が増減する効果が含まれている。
　一方、この(b)は予報時間の経過に伴い、その精度が急速に低下するという特徴がある。それに対して(c)による降水予測は目先の精度は(b)に劣るものの予報時間に伴う精度の低下が緩慢であるため予報後半には(b)をしのぐ精度を保っている。このため、降水短時間予報では(b)と(c)の両者から得られる6時間後までの予報を適度の割合で組み合わせることにより、より精度の高い予報を確保している。
　この(c)は、5km格子であるため30〜40km程度のスケールの現象が予報できる可能性がある。このため、個々の(d)を記述することはできないが、上記の規模のメソ擾乱による降水域を予測できる可能性は高い。したがって、このような擾乱に伴う新たな降水系の発生・発達・衰弱も降水短時間予報に組み込まれていることがわかる。

	(a)	(b)	(c)	(d)
①	レーダー雨量	実況補外予測	メソ数値予報モデル	積乱雲
②	レーダー雨量	メソ数値予報モデル	実況補外予測	低気圧
③	アメダス実況	メソ数値予報モデル	実況補外予測	積乱雲
④	解析雨量	実況補外予測	メソ数値予報モデル	積乱雲
⑤	解析雨量	実況補外予測	メソ数値予報モデル	低気圧

問 14 大雨による災害が予想されるときに気象庁または国や自治体が発表する防災情報に関して述べた次の文(a)〜(d)の正誤について、下記の①〜⑤の中から正しいものを一つ選べ。

(a) 記録的短時間大雨情報は、雨量観測点において観測開始以来歴代1、2位の記録を参考として設定した基準雨量を超える雨量を観測したときのみ発表される。

(b) 揺れの大きな地震の発生した後、災害地では地盤の緩みのため大雨注意報・警報の基準に至らない降雨量でも土砂災害が発生する危険があるため、大雨注意報・警報の基準を下げて運用する。

(c) 土石流や急傾斜地の崩壊などの土砂災害に対応するため、その危険が高まったときに気象庁と都道府県は共同で土砂災害警戒情報を発表することがある。このとき、大雨警報の重要変更は行われない。

(d) 水防法の規定により指定された河川においては、気象庁と国土交通省(または都道府県)が共同で指定河川名を付した洪水注意報・警報を発表し、河川の水位や流量の予測も加えて流域の洪水に対する注意や警戒を促す。

① (a)のみ誤り
② (b)のみ誤り
③ (c)のみ誤り
④ (d)のみ誤り
⑤ すべて正しい

問 15 確率予報は、利用する場合にどのような行動をとったらよいかという指標を与えるものである。

　たとえば、ある期間の暴風確率が10％きざみで予報されているとしよう。これに対してビニールハウスで園芸農業を行っている農家では、どのような対策をとったらよいであろうか。

　この暴風確率が十分な精度をもっているとする。すなわち、確率20％というときは、その予報が出た100回のうち20回は実際に暴風に見舞われると解釈する。

　もし農家が何の手当てもせずに放置してビニールハウスを飛ばされるなどの被害を受けた場合の損害額を12万円と見積もったとする。これに対して、あらかじめ人を雇ってビニールハウスの補強を行い、暴風に十分耐えられる対策をとるのに、雇い人の賃金および補強の材料費を合わせて5万円かかるとする。

　このとき、農家では暴風確率が何％以上の予報が発表されたときに、対策をとったら経済的であるか。下記の①～⑤の中から正しいものを一つ選べ。

① 30％
② 40％
③ 50％
④ 60％
⑤ 70％

一般知識・専門知識マークシート

切り取ってお使いください．

予報業務に関する一般知識

問	解 答 欄				
1	①	②	③	④	⑤
2	①	②	③	④	⑤
3	①	②	③	④	⑤
4	①	②	③	④	⑤
5	①	②	③	④	⑤
6	①	②	③	④	⑤
7	①	②	③	④	⑤
8	①	②	③	④	⑤
9	①	②	③	④	⑤
10	①	②	③	④	⑤
11	①	②	③	④	⑤
12	①	②	③	④	⑤
13	①	②	③	④	⑤
14	①	②	③	④	⑤
15	①	②	③	④	⑤

予報業務に関する専門知識

問	解 答 欄				
1	①	②	③	④	⑤
2	①	②	③	④	⑤
3	①	②	③	④	⑤
4	①	②	③	④	⑤
5	①	②	③	④	⑤
6	①	②	③	④	⑤
7	①	②	③	④	⑤
8	①	②	③	④	⑤
9	①	②	③	④	⑤
10	①	②	③	④	⑤
11	①	②	③	④	⑤
12	①	②	③	④	⑤
	⑥	⑦	⑧	⑨	
13	①	②	③	④	⑤
14	①	②	③	④	⑤
15	①	②	③	④	⑤

気象予報士模擬試験問題

実技試験 1

解答時間　75 分間

実技試験 1

次の資料を基に以下の問題に答えよ。

ただし、UTC は協定世界時を意味し、問題文中の時刻は特に断らない限り中央標準時(日本時)である。中央標準時は協定世界時に対して 9 時間進んでいる。

なお、解答における字数に関する指示は概ねの目安であり、それより若干多くても少なくてもよい。

図 1　地上天気図　XX 年 2 月 13 日 21 時(12UTC)
図 2　500 hPa 高層天気図　XX 年 2 月 13 日 21 時(12UTC)
図 3　850 hPa 気温・風、700 hPa 鉛直 p 速度解析図　XX 年 2 月 13 日 21 時(12UTC)
図 4　(a) 500 hPa 高度・渦度 12 時間予想図
　　　(b) 地上気圧・降水量・風 12 時間予想図
　　　(c) 500 hPa 気温、700 hPa 湿数 12 時間予想図
　　　(d) 850 hPa 気温・風、700 hPa 鉛直 p 速度 12 時間予想図
　　　(e) 850 hPa 風・相当温位 12 時間予想図
図 5　(a) 500 hPa 高度・渦度 24 時間予想図
　　　(b) 地上気圧・降水量・風 24 時間予想図
　　　(c) 500 hPa 気温、700 hPa 湿数 24 時間予想図
　　　(d) 850 hPa 気温・風、700 hPa 鉛直 p 速度 24 時間予想図
図 6　気象衛星画像
　　　(a) 可視画像　XX 年 2 月 14 日 9 時(00UTC)
　　　(b) 赤外画像　XX 年 2 月 14 日 9 時(00UTC)
　　　(c) 水蒸気画像　XX 年 2 月 14 日 9 時(00UTC)
図 7　レーダーエコー合成図　XX 年 2 月 14 日 10 時(01UTC)
図 8　気象衛星水蒸気画像　XX 年 2 月 15 日 9 時(00UTC)
図 9　(a)(b)(c) 潮岬(和歌山県)におけるエマグラム(状態曲線と高層風)
図 10　福井(福井県)におけるウインドプロファイラー観測による水平風時系列図　XX 年 2 月 14 日 12 時(03UTC)〜18 時(09UTC)

XX年2月13日から15日にかけて日本海を発達しながら北東進した低気圧に関する以下の問いに答えよ。予想図の初期時刻は、いずれも2月13日21時（12UTC）である。

問1

図1は13日21時（12UTC）の地上天気図、図2は500 hPa天気図、図3は850 hPa気温・風、700 hPa鉛直p速度（上昇流）解析図である。これらの図を用いて、この時刻における日本付近の気象の概況について述べた次の文章の空欄（①）〜（⑳）に入る適当な語句または数値を解答欄に記入せよ。

地上天気図（図1）によると、中国東北部に1008 hPaの低気圧があって東に進んでいる。別に黄海にも東進中の低気圧があって、中心気圧は（①）hPaで発達中である。今後24時間後は（②）方向に進み、日本海中部の（③）内に達する見込みで、低気圧中心から（④）海里以内では（⑤）ノットから（⑥）ノットの最大風速が予想されるために、海上（⑦）警報が発表されている。低気圧の中心から東南東方向には（⑧）が延び四国西部に達し、一方、南西に延びる（⑨）は上海付近を経て華南方面に達している。黄海・東シナ海には海上（⑩）警報も発表されており、この海域では（⑩）のため、視程が現在（⑪）海里未満か、または今後24時間以内にその可能性が予想される。

500 hPa高層天気図（図2）では、中国東北部から渤海にかけて南南西に延びる深い（⑫）があり、一方、その前面にあたる日本海からアムール川中流域にかけて（⑬）となっている。

850 hPa気温・風、700 hPa鉛直p速度解析図（図3）によると、黄海の低気圧の進行前面では南西風による（⑭）の流入が顕著で、低気圧周辺では最大で（⑮）ノットの風が解析されている。また、低気圧周辺では（⑯）流域となっており、（⑰）hPa/hの極値が計算されており、これは700 hPaレベルでの鉛直速度ではおよそ（⑱）cm/sの（⑯）流となる。一方、低気圧後面では（⑲）が流入し、（⑳）流域となっている。

問2

図4～図5は13日21時(12UTC)を初期時刻とする12時間、24時間予想図である。これらの図を用いて日本付近を通過する低気圧に関して以下の問いに答えよ。

(1) 初期時刻($T=00$)における黄海の低気圧の12時間($T=12$)後、24時間($T=24$)後の各12時間における変化について以下の問いに答え、解答欄に記入せよ。

① $T=00～12$の低気圧の中心気圧の変化量(hPa)

② $T=00～12$の低気圧の移動方向(16方位)

③ $T=00～12$の低気圧の移動速度(10ノット単位)

④ $T=12～24$の低気圧の中心気圧の変化量(hPa)

⑤ $T=12～24$の低気圧の移動方向(16方位)

⑥ $T=12～24$の低気圧の移動速度(10ノット単位)

(2) 12時間後の14日9時(00UTC)における低気圧に伴う前線の位置を図4を用いて解析し、前線の記号を付して解答図に記入せよ。

① 850 hPa面における前線

② 地上の前線

(3) この低気圧は急速な発達が予想されている。初期時刻から24時間後の14日21時(12UTC)において、低気圧の発達に結びつくと考えられる特徴について、以下の観点から述べよ。

① 500 hPaトラフと地上低気圧の位置関係について25字程度で述べよ。

② 850 hPa気温・風と700 hPa鉛直p速度に着目し40字程度で述べよ。

問3

図6は14日9時（00UTC）における気象衛星画像で、それぞれ(a)可視画像、(b)赤外画像、(c)水蒸気画像である。図7は1時間後の14日10時（01UTC）におけるレーダーエコー合成図である。図8は15日9時（00UTC）における気象衛星の水蒸気画像である。

(1) 図6(a)、(b)、図7および図4、図5を用いて以下の問いに答えよ。

① 雲域Aを構成している雲の種類を二つ答えよ。雲域Aの特徴を低気圧の発達の関連性から20字程度で述べよ。

② 雲域Bの主たる雲形を一つ答え、そのように判断した根拠を40字程度で述べよ。
また、雲域Bはどのような場に形成されているか簡潔に述べよ。

③ 雲域Cはどのような場に形成されているか図4(e)を用いて簡潔に述べよ。
図7で50 mm/h以上の降雨域は雲域Cのどの部分に対応しているかを簡潔に述べよ。

(2) 図6(c)と図8を比較し、図4、図5を参考にして、以下の問いに答えよ。

① 日本付近の大気のどのような流れがどのように変化したかについて35字程度で述べよ。

② 図8で日本海北部に見られる渦はどの層のレベルの雲システムを表しているか簡潔に述べよ。

問4

図9の(a)、(b)、(c)は潮岬（和歌山県）におけるエマグラムである。これらの図から、以下の問いに答えよ。

(1) 図9(a)、(b)、(c)は、それぞれ13日21時（12UTC）、14日9時（00UTC）、14日21時（12UTC）のどの時刻におけるエマグラムであるか。
(2) (1)のように判断した根拠について簡潔に述べよ。
(3) 図9(a)、図(c)の中に矢印で示した逆転層は何によるか簡潔に述べよ。
(4) 図9(c)の時点で、潮岬の観測点は850 hPa面での前線の位置より北側か南側のどちらにあるか。
(5) 図9(a)の850 hPa面での相対湿度（10 %単位）を、右上拡大図9(a′)を用いて求めよ。

問5

図10は14日12時(03UTC)～18時(09UTC)の福井(福井県)におけるウインドプロファイラー観測による水平風時系列図である。この図から、以下の問いに答えよ。

(1) 地表付近での前線通過時刻は、何時から何時頃（10分単位）と考えられるか。

(2) 12時、15時、18時における高度1kmおよび3kmに最も近い高度の風向・風速を読み取り（風向は16方位、風速は5ノット刻み）、それぞれの風のベクトルを解答図の原点Oを始点とした矢印の付した実線で記入せよ。

(3) これらの風が地衡風であるとし、(2)で描いたベクトルをもとに、それぞれの時刻での高度1kmから3kmの層の温度風ベクトルを同じ図上に矢印の付した破線で記入せよ。

(4) (3)から、どの時刻がこの層における平均気温の傾度が大きいか大きい順に答えよ。

(5) (3)から、移流は寒気移流か暖気移流かを判別し、その移流量の大きい時刻から順に答えよ。

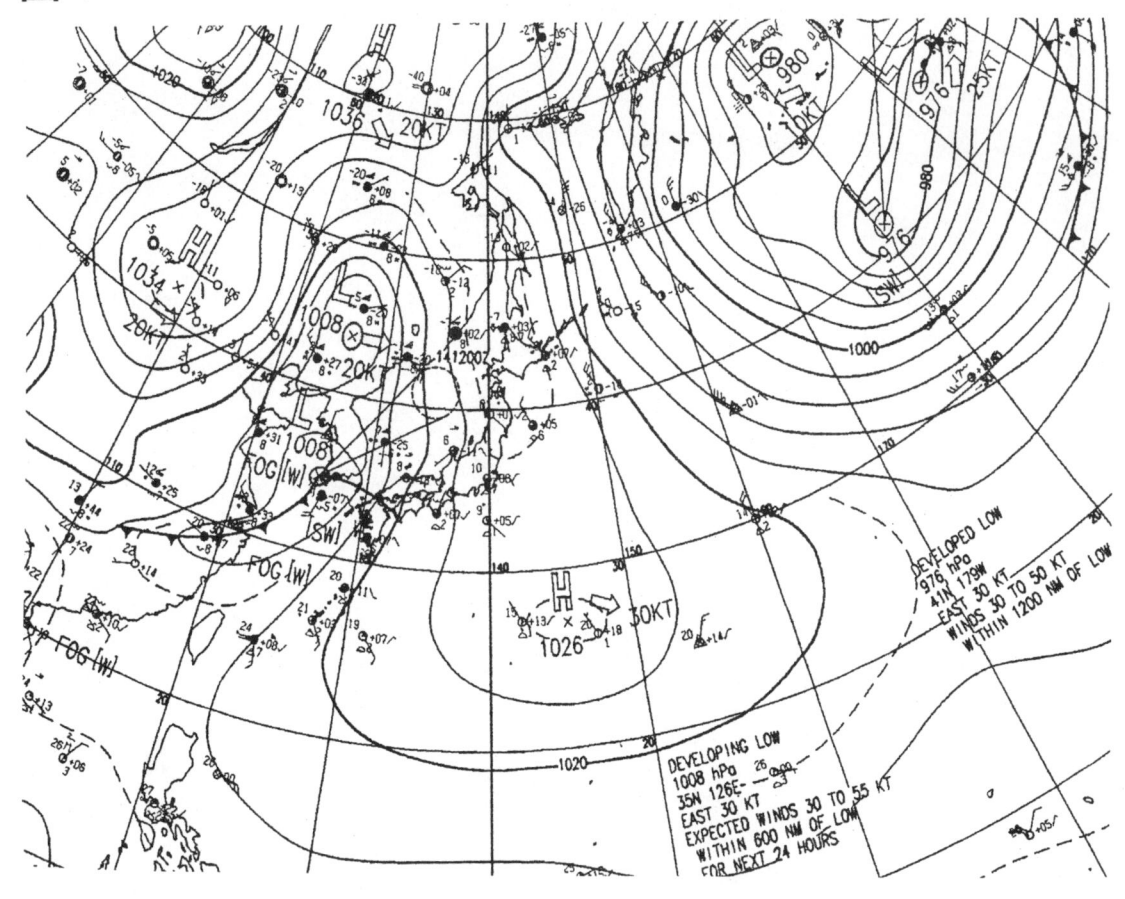

図1 地上天気図　XX年2月13日21時(12UTC)
　　　実線：気圧(hPa)
　　　矢羽：風向・風速(ノット)(短矢羽：5ノット、長矢羽：10ノット、旗矢羽：50ノット)

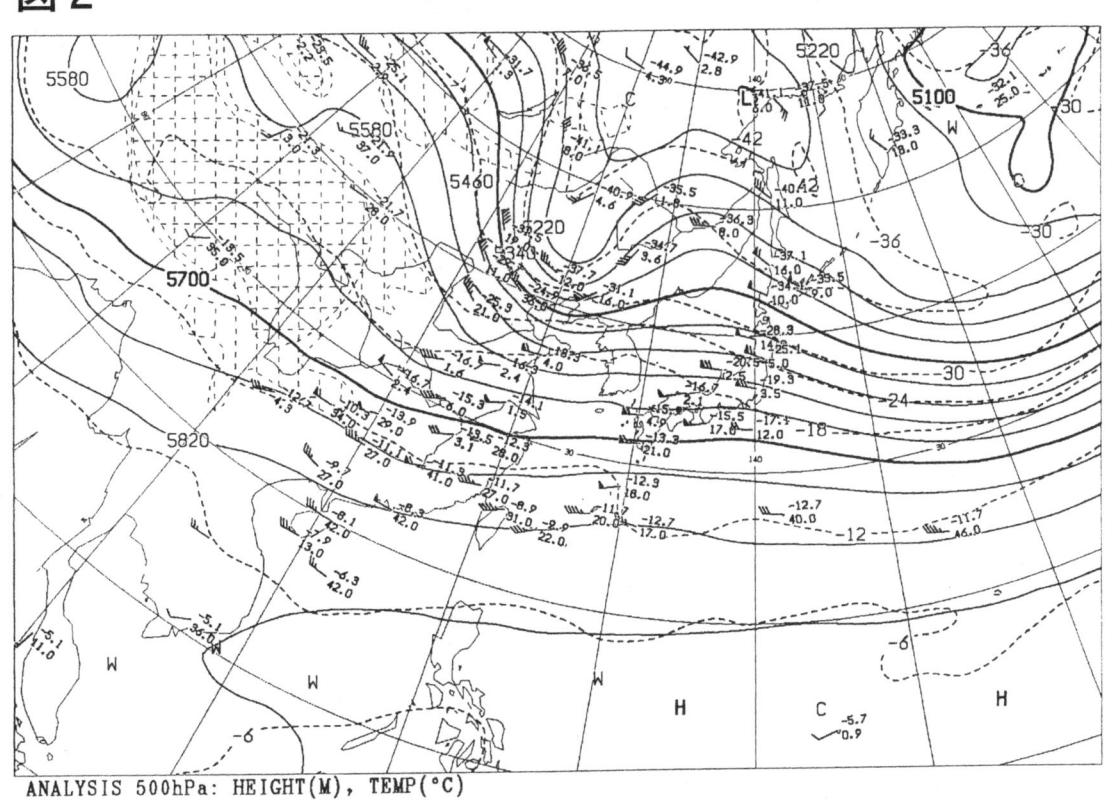

図2　500hPa高層天気図　XX年2月13日21時(12UTC)
　　　実線：高度(m)、破線：気温(℃)
　　　矢羽：風向・風速(ノット)(短矢羽：5ノット、長矢羽：10ノット、旗矢羽：50ノット)

図3

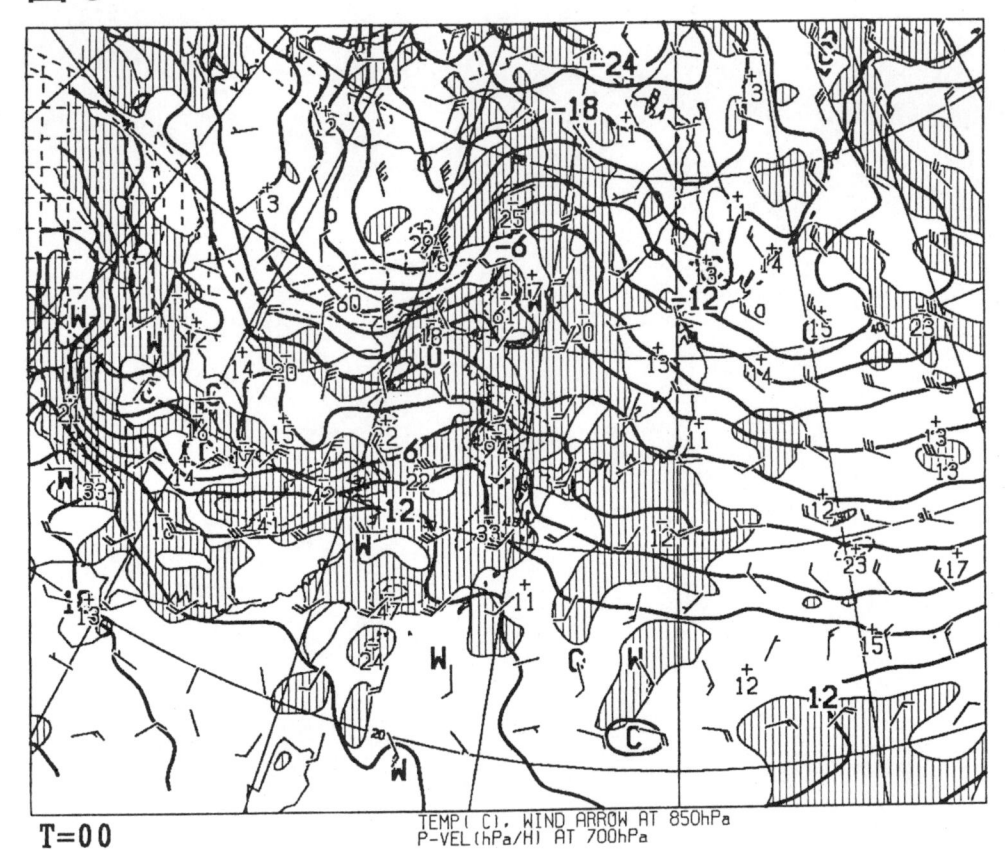

図3 850hPa気温・風、700hPa鉛直p速度解析図　XX年2月13日21時(12UTC)

実線：850hPa気温(℃)、破線および細実線：700hPa鉛直p速度(hPa/h)
(網掛け域：上昇流)
矢羽：850hPa風向・風速(ノット)(短矢羽：5ノット、長矢羽：10ノット、旗矢羽：50ノット)

図4

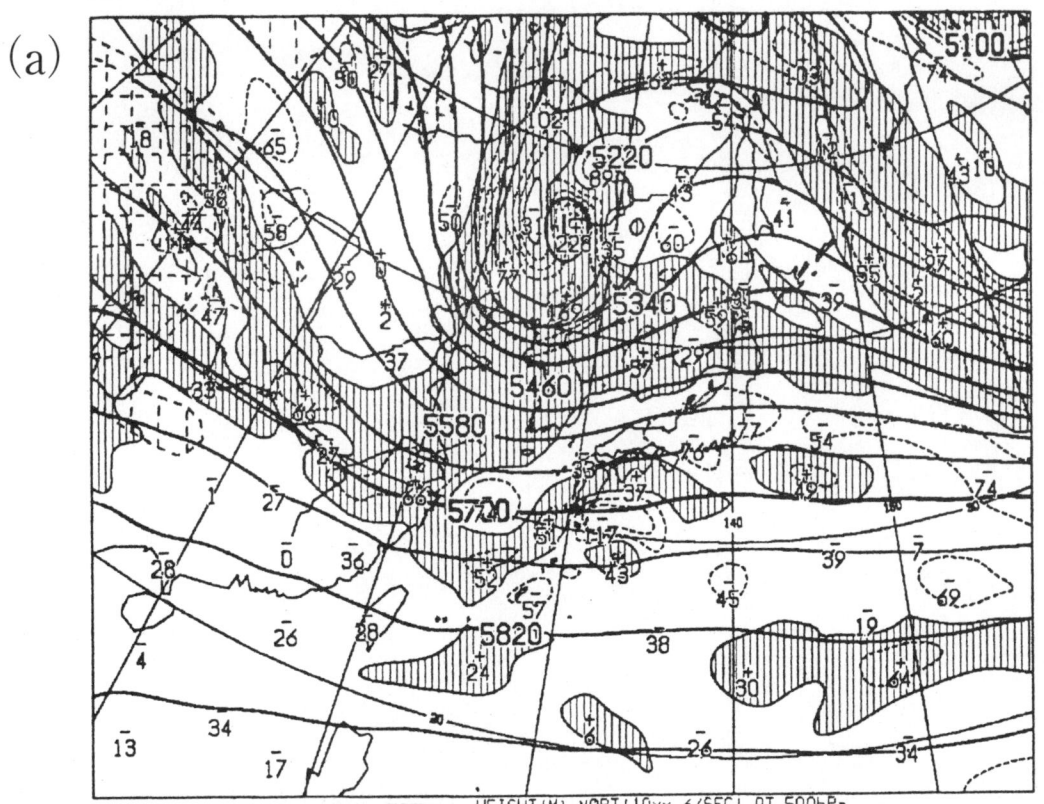

(a)

T=12　VALID 140000UTC　HEIGHT(M),VORT(10**-6/SEC) AT 500hPa

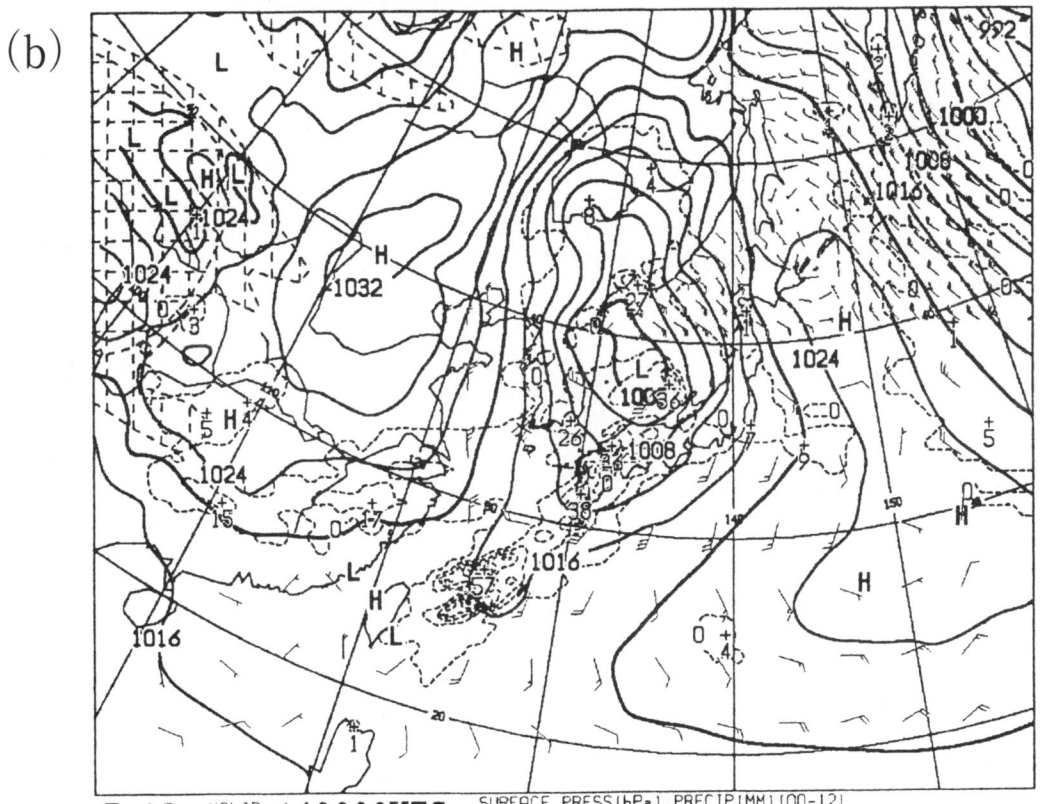

(b)

T=12　VALID 140000UTC　SURFACE PRESS(hPa),PRECIP(MM)(00-12) WIND ARROW AT SURFACE

図4　(a)：500 hPa高度・渦度12時間予想図（上）
　　　太実線：高度(m)、破線および細実線：渦度(10^{-6}/s)（網掛け域：渦度＞0）
　　(b)：地上気圧・降水量・風12時間予想図（下）
　　　実線：気圧(hPa)、破線：予想時刻12時間降水量(mm)
　　　矢羽：風向・風速（ノット）（短矢羽：5ノット、長矢羽：10ノット、旗矢羽：50ノット）
　初期時刻：XX年2月13日21時（12UTC）

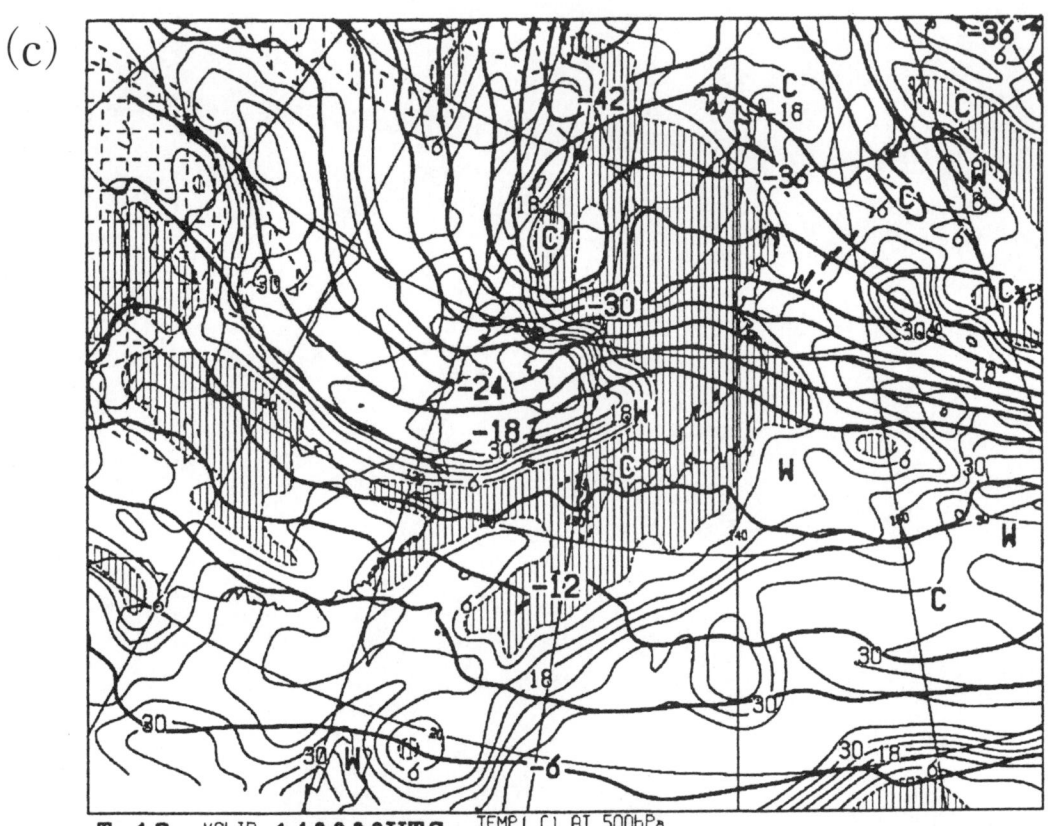

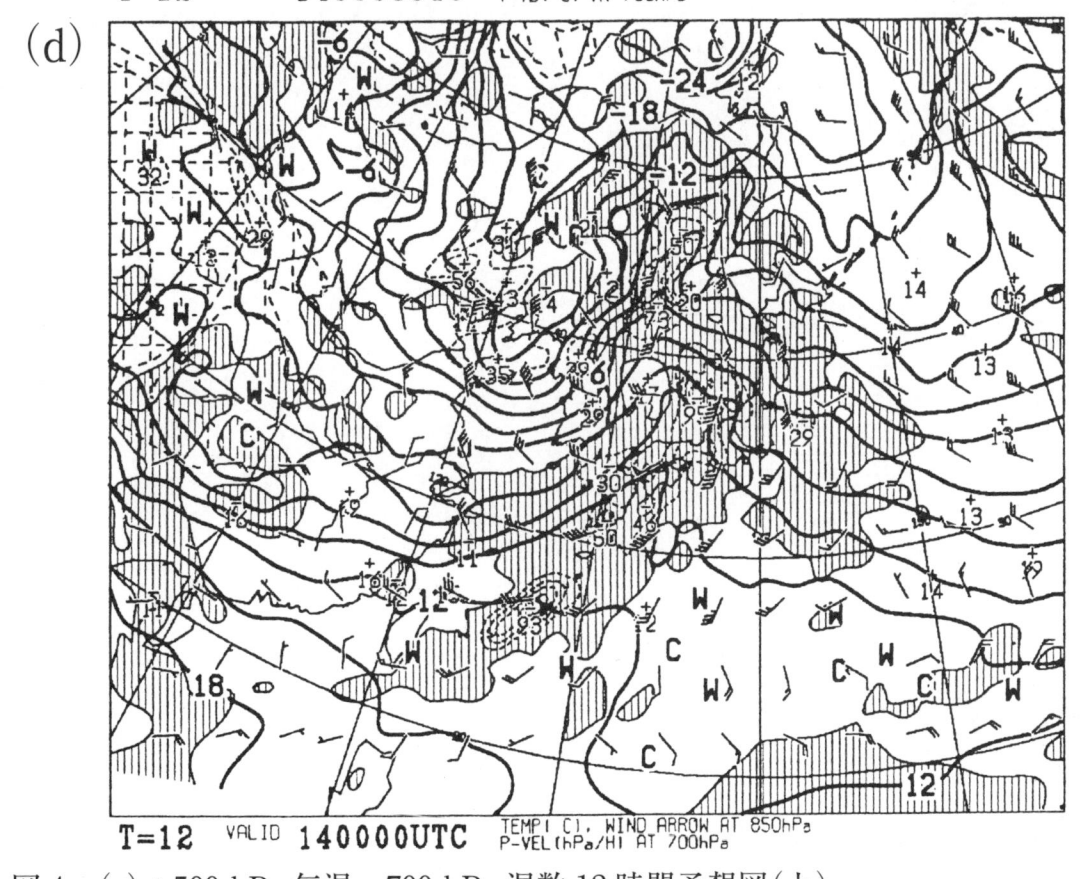

図4 （c）：500 hPa気温、700 hPa湿数12時間予想図（上）
　　　太実線：500 hPa気温（℃）、破線および細実線：700 hPa湿数（℃）（網掛け域：湿数≦3℃）
　　（d）：850 hPa気温・風、700 hPa鉛直p速度12時間予想図（下）
　　　太実線：850 hPa気温（℃）、破線および細実線：700 hPa鉛直p速度（hPa/h）（網掛け域：上昇流）
　　　矢羽：850 hPa風向・風速（ノット）（短矢羽：5ノット、長矢羽：10ノット、旗矢羽：50ノット）
　　初期時刻　XX年2月13日21時（12UTC）

(e)

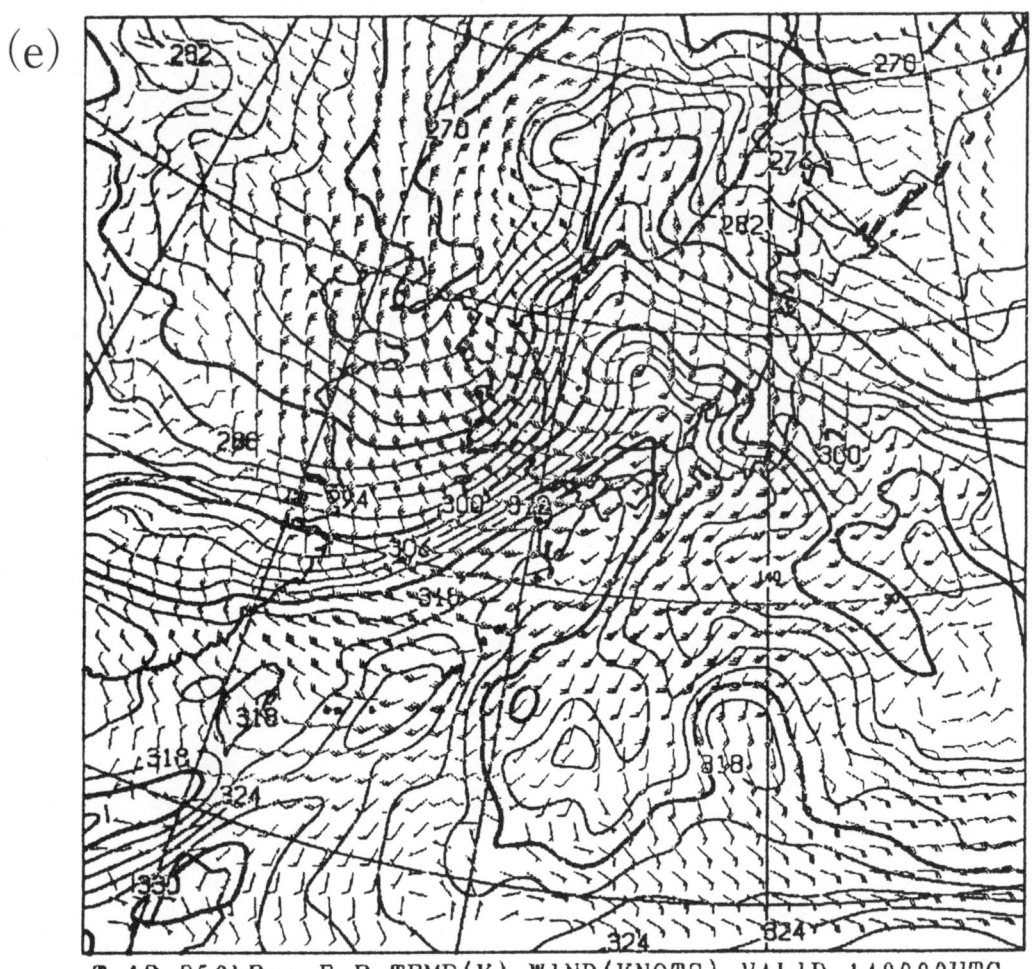

T=12 850hPa: E.P.TEMP(K),WIND(KNOTS) VALID 140000UTC

図4 (e):850 hPa 風・相当温位 12 時間予想図
　　　実線:相当温位(K)
　　　矢羽:風向・風速(ノット)(短矢羽:5ノット、長矢羽:10ノット、旗矢羽:50ノット)
　初期時刻　XX年2月13日21時(12UTC)

図5

(a)

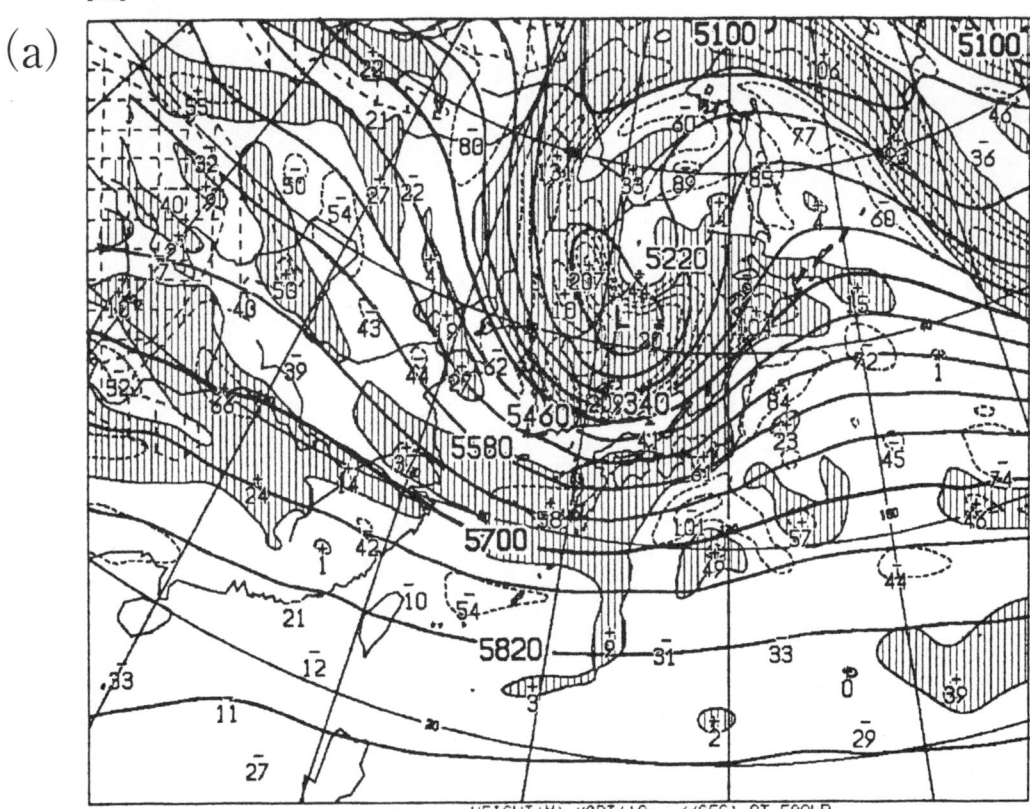

T=24　VALID 141200UTC　HEIGHT(M),VORT(10**-6/SEC) AT 500hPa

(b)

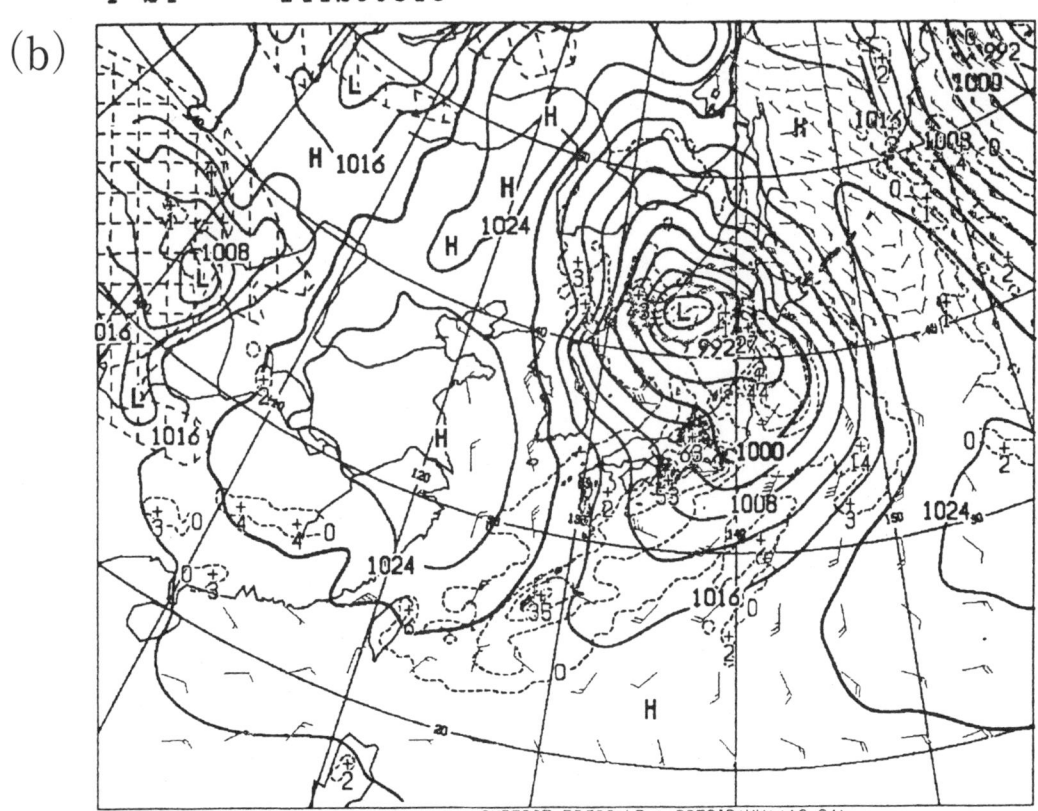

T=24　VALID 141200UTC　SURFACE PRESS(hPa),PRECIP(MM)(12-24)
WIND ARROW AT SURFACE

図5　(a)：500 hPa 高度・渦度 24 時間予想図（上）
　　　太実線：高度(m)、破線および細実線：渦度(10^{-6}/s)（網掛け域：渦度＞0）
　　(b)：地上気圧・降水量・風 24 時間予想図（下）
　　　実線：気圧(hPa)、破線：予想時刻 12 時間降水量(mm)
　　　矢羽：風向・風速（ノット）（短矢羽：5ノット、長矢羽：10ノット、旗矢羽：50ノット）
初期時刻：XX 年 2 月 13 日 21 時（12UTC）

(c)

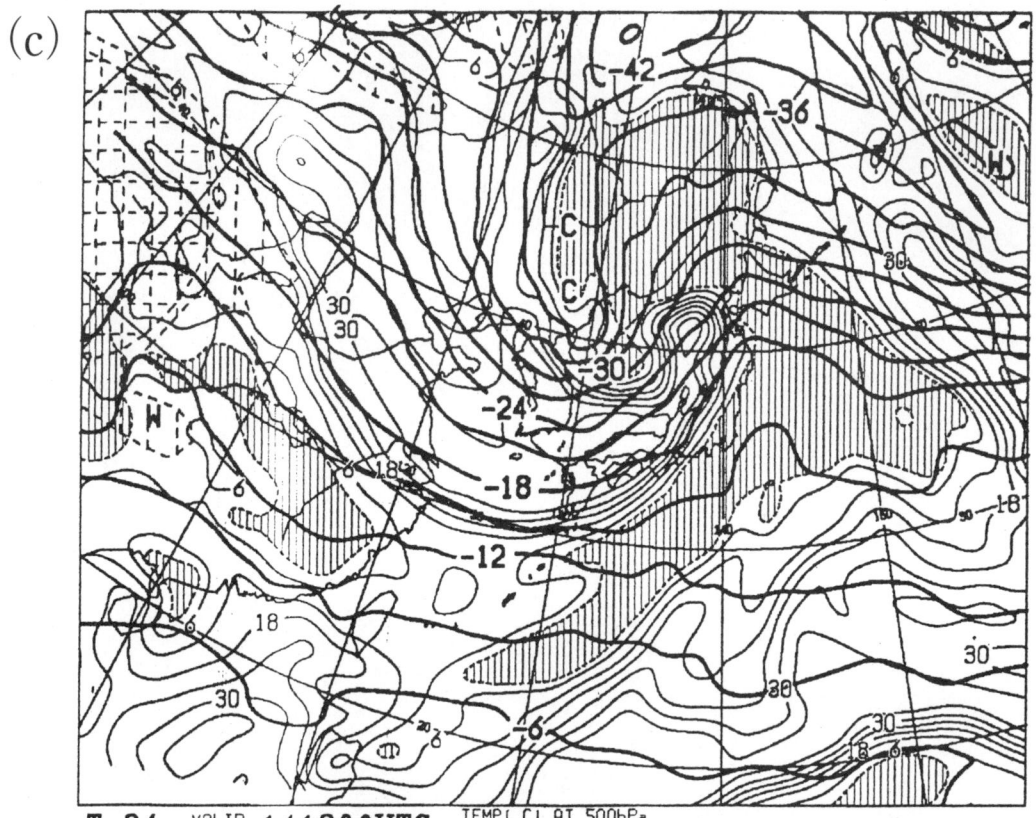

T=24　VALID 141200UTC　TEMP(C) AT 500hPa
　　　　　　　　　　　　T-TD(C) AT 700hPa

(d)

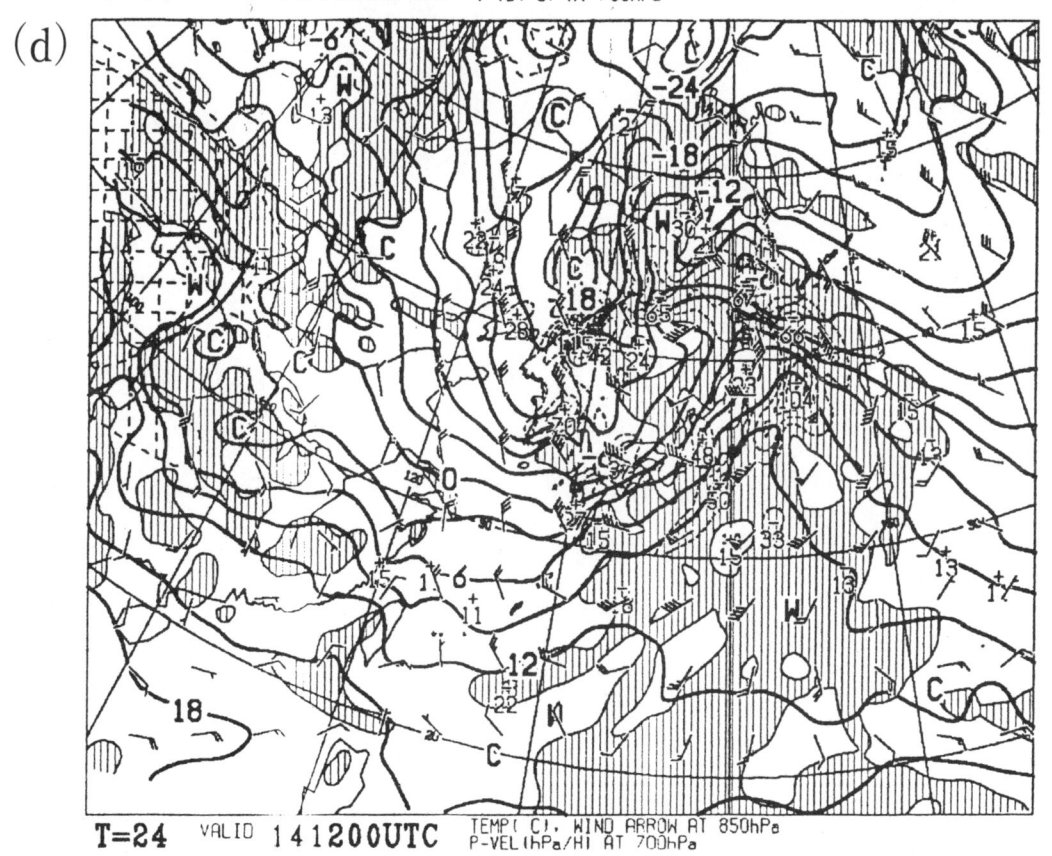

T=24　VALID 141200UTC　TEMP(C), WIND ARROW AT 850hPa
　　　　　　　　　　　　P-VEL(hPa/H) AT 700hPa

図5　(c)：500 hPa気温、700 hPa湿数24時間予想図（上）
　　　　太実線：500 hPa気温（℃）、破線および細実線：700 hPa湿数（℃）（網掛け域：湿数≦3℃）
　　(d)：850 hPa気温・風、700 hPa鉛直p速度24時間予想図（下）
　　　　太実線：850 hPa気温（℃）、破線および細実線：700 hPa鉛直p速度（hPa/h）（網掛け域：上昇流）
　　　　矢羽：850 hPa風向・風速（ノット）（短矢羽：5ノット、長矢羽：10ノット、旗矢羽：50ノット）
　　初期時刻　XX年2月13日21時（12UTC）

図6

(a)

(b)

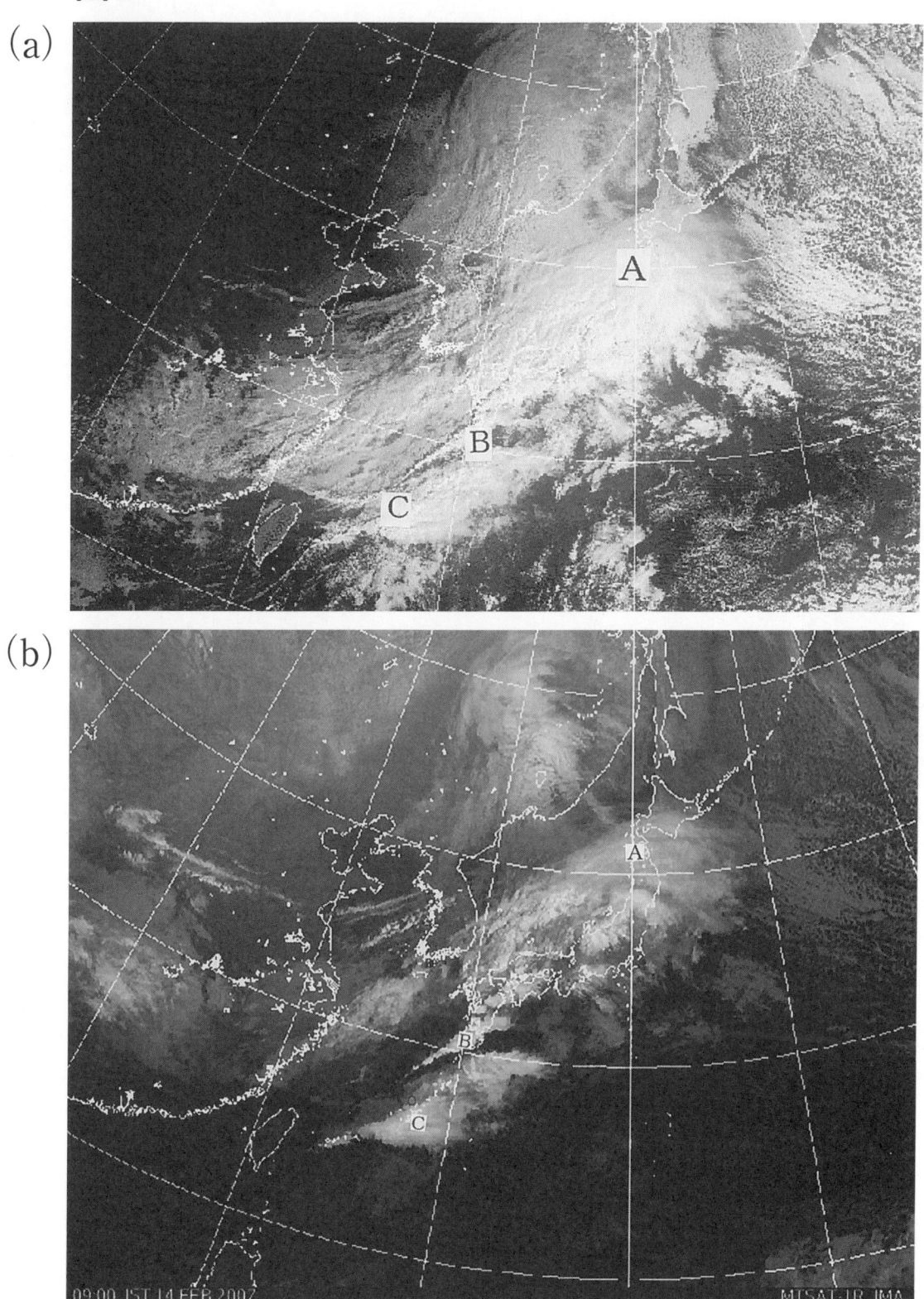

図6 気象衛星画像　XX年2月14日9時（00UTC）
　　（a）：可視画像（上）、（b）：赤外画像（下）

(c)

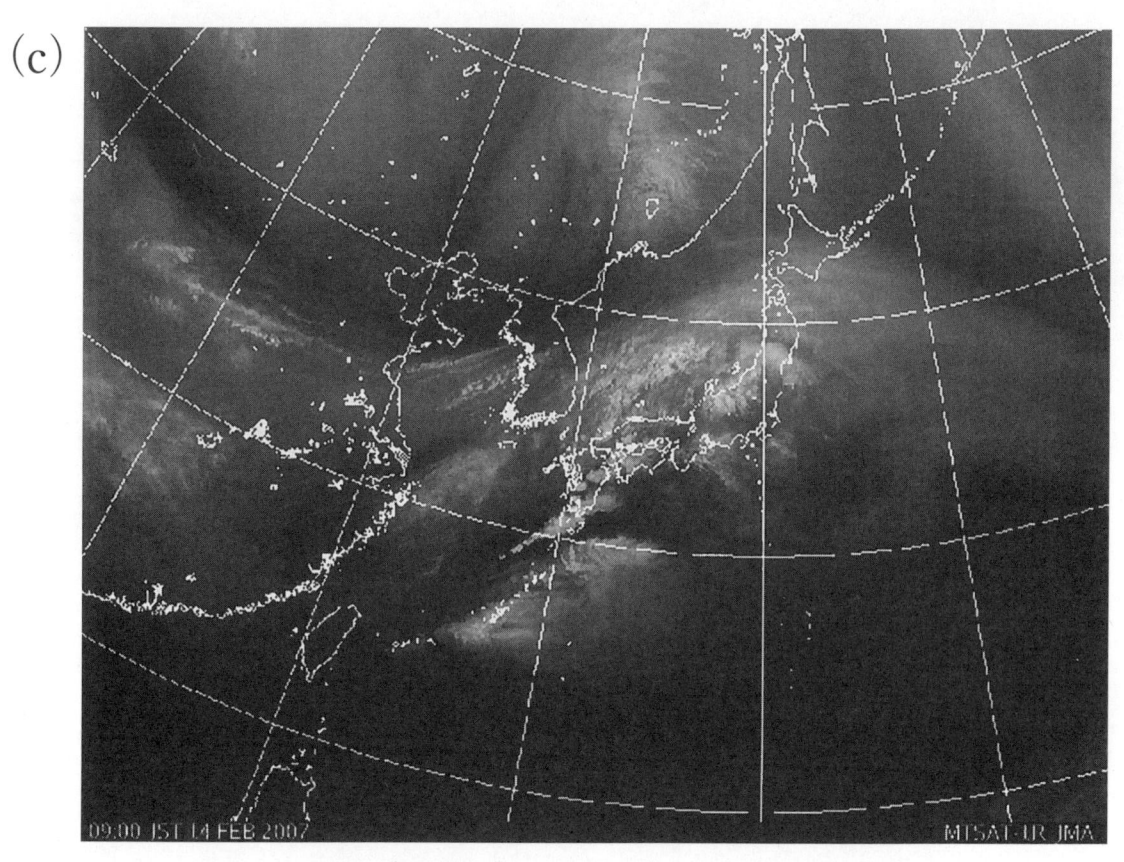

図6 気象衛星画像 XX年2月14日9時(00UTC)
(c)：水蒸気画像

図7

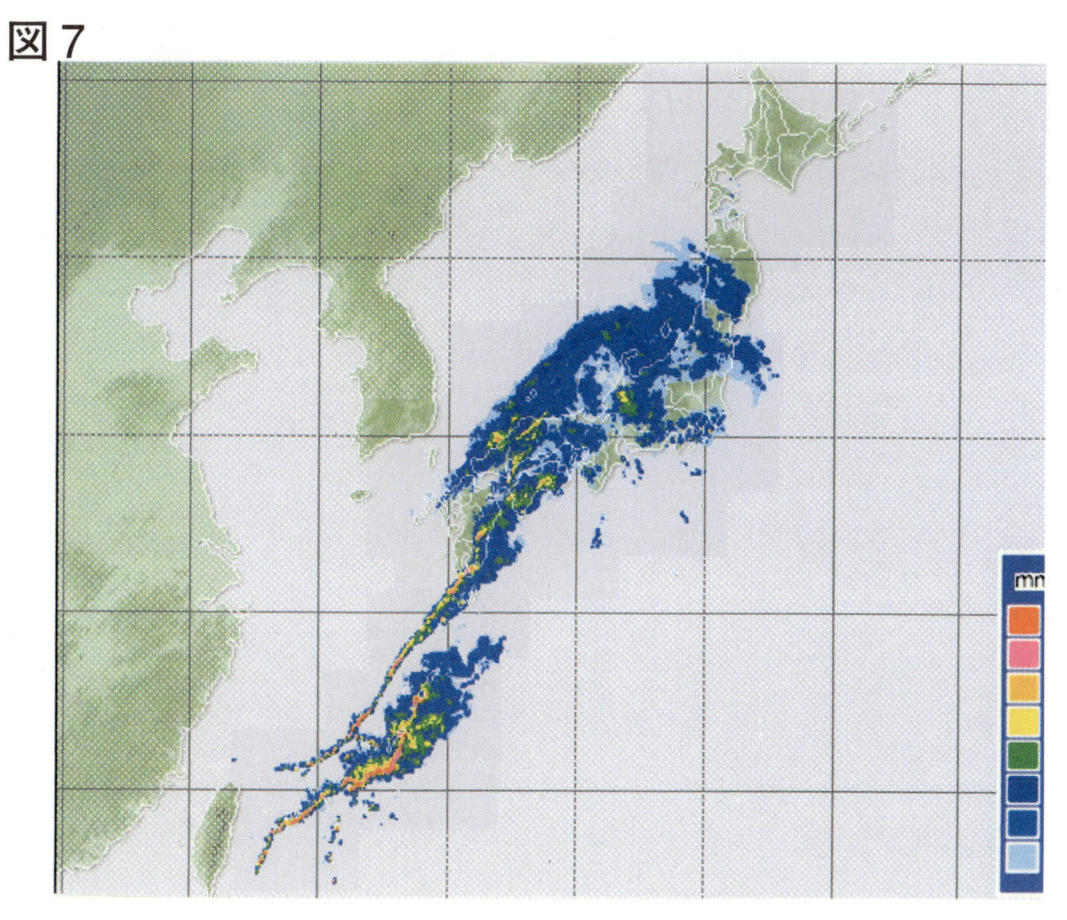

図7　レーダーエコー合成図　XX年2月14日10時（01UTC）

図8

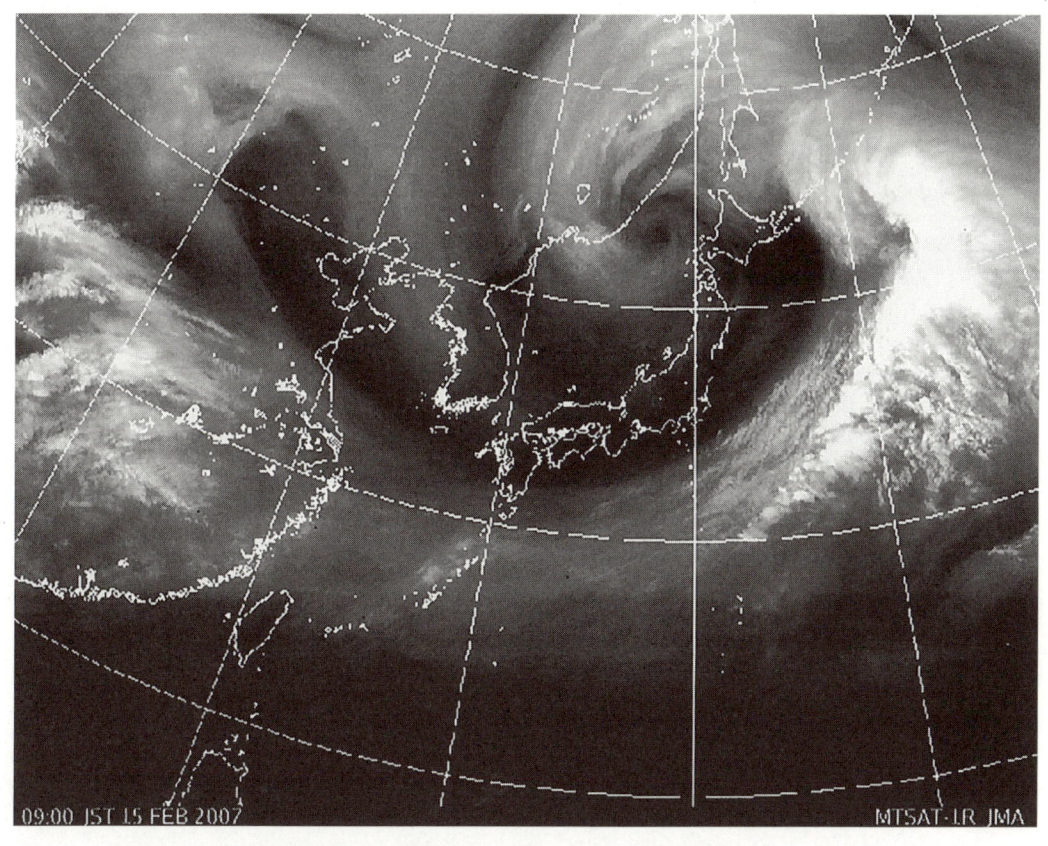

図8　気象衛星水蒸気画像　XX年2月15日9時（00UTC）

図9

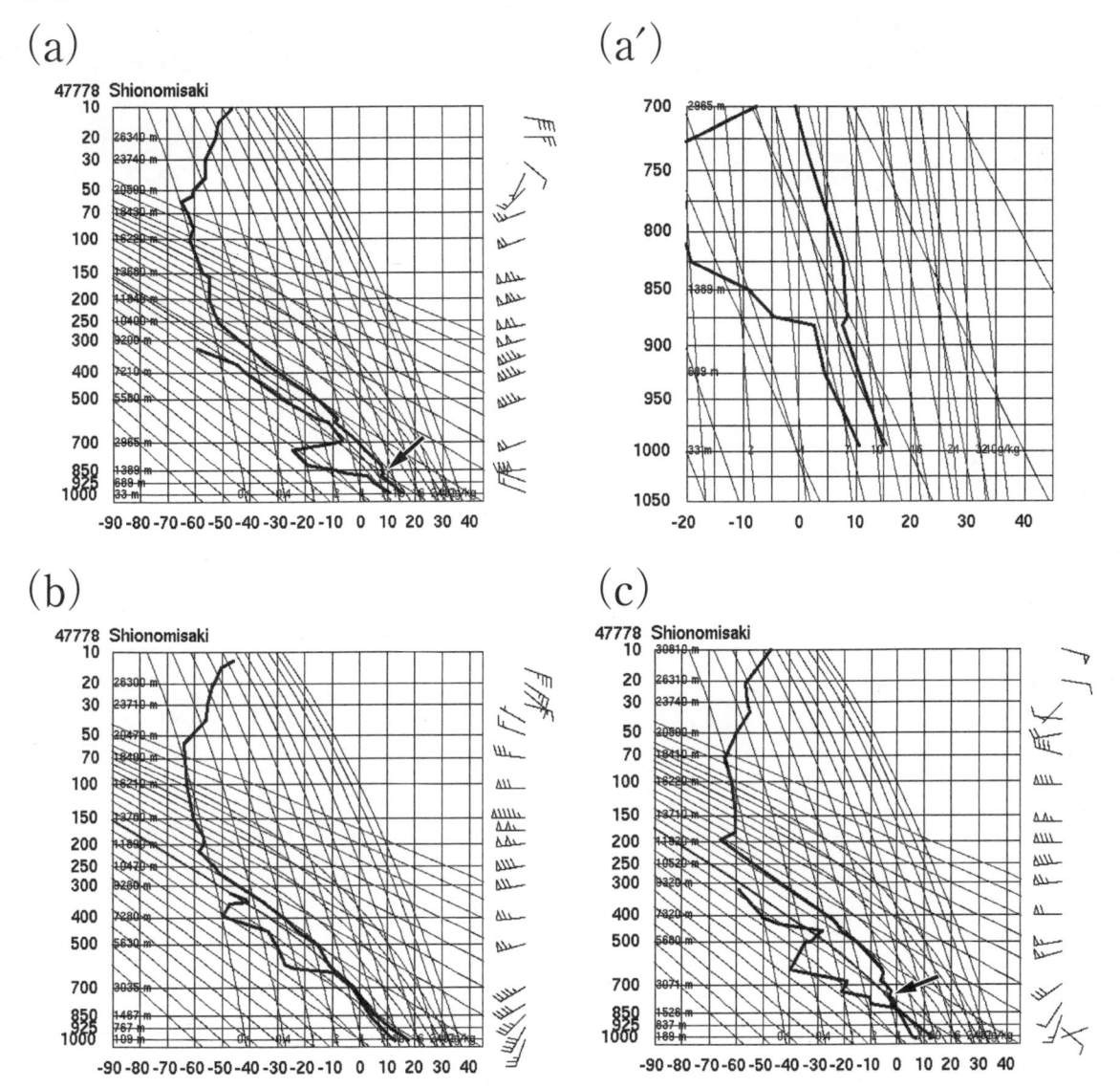

(a) (a′)

(b) (c)

図9 (a)(a′)(b)(c):潮岬(和歌山県)におけるエマグラム(状態曲線と高層風)
　　太実線:気温(℃)および露点温度(℃)。
　　矢羽:風向・風速(ノット)(短矢羽:5ノット、長矢羽:10ノット、旗矢羽:50ノット)
　(a′):(a)下層〜中層の拡大図。

図10

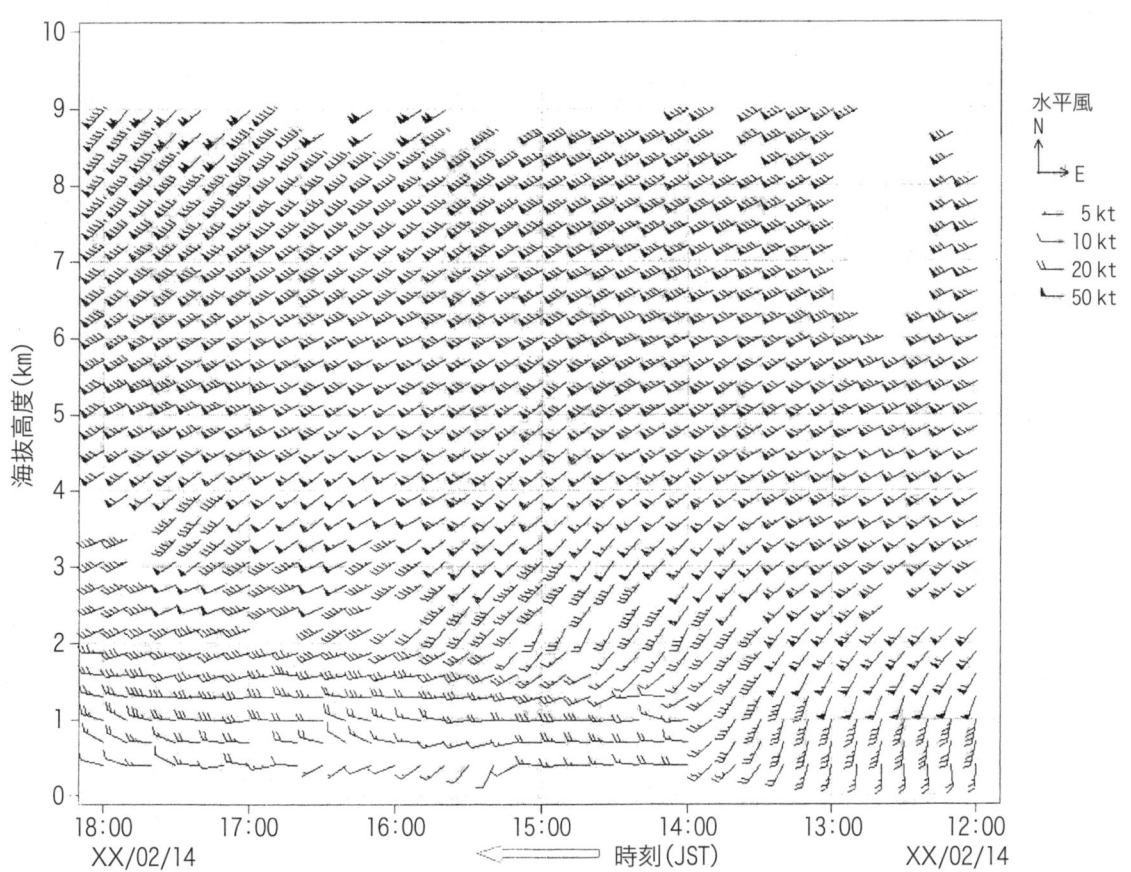

図10　福井（福井県）におけるウインドプロファイラー観測による水平風時系列図
　　　XX年2月14日12時（03UTC）〜18時（09UTC）
観測値がない場合は空白となっている。

気象予報士模擬試験問題　（実技 1）　解答用紙　1

フリガナ	採点欄
氏　名	

問 1　① _____　② _____　③ _____

　　　　　④ _____　⑤ _____　⑥ _____

　　　　　⑦ _____　⑧ _____　⑨ _____

　　　　　⑩ _____　⑪ _____　⑫ _____

　　　　　⑬ _____　⑭ _____　⑮ _____

　　　　　⑯ _____　⑰ _____　⑱ _____

　　　　　⑲ _____　⑳ _____

問 2　(1)
　　　　　① _____　② _____　③ _____

　　　　　④ _____　⑤ _____　⑥ _____

(2)
① 850 hPa面における前線：

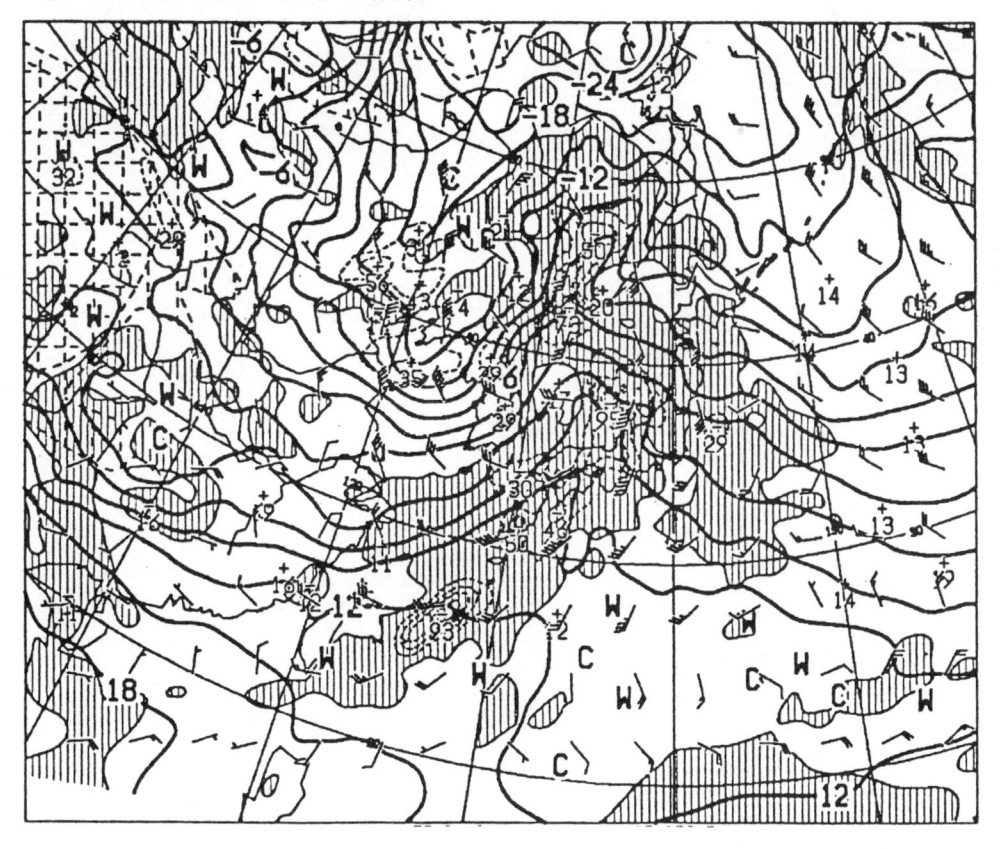

② 地上の前線：

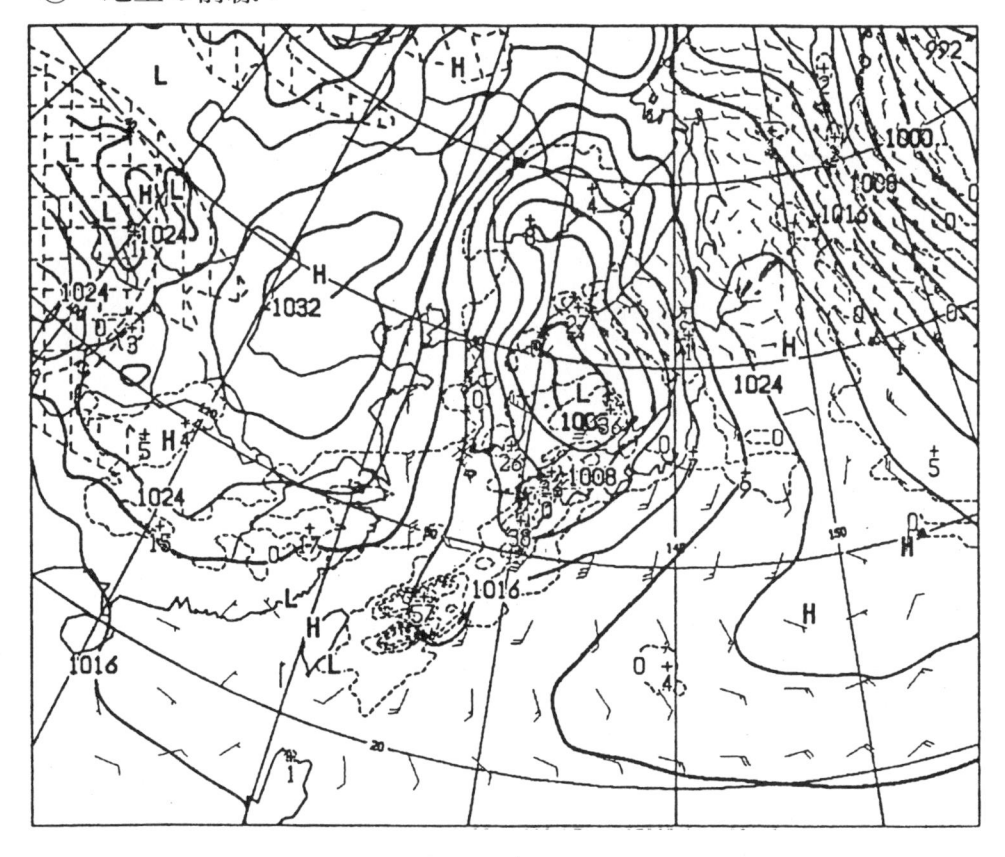

(3)
①

②

問3

(1)
① _____、_____

② _____

③ _____

_____

(2)
①

②_____

問 4

(1)
  (a)：_____日_____時（　　　UTC）

  (b)：_____日_____時（　　　UTC）

  (c)：_____日_____時（　　　UTC）

(2)
  (a)：_____

  (b)：_____

  (c)：_____

(3)
  図(a)：_____

  図(c)：_____

(4)
  _____

(5)
  _____％

問5

(1) ____ : ____ ～ ____ : ____

(2) (3)

12時：

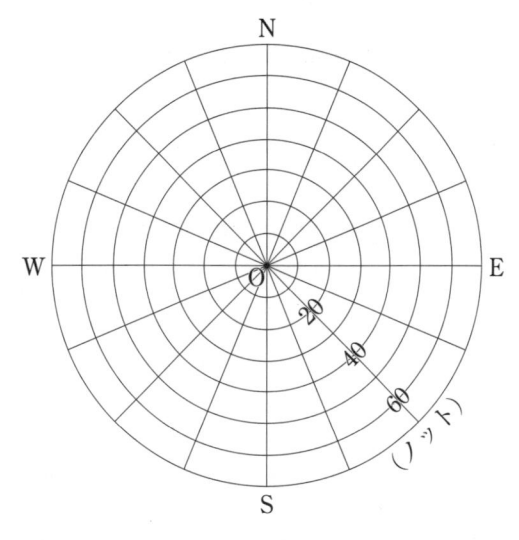

15時：

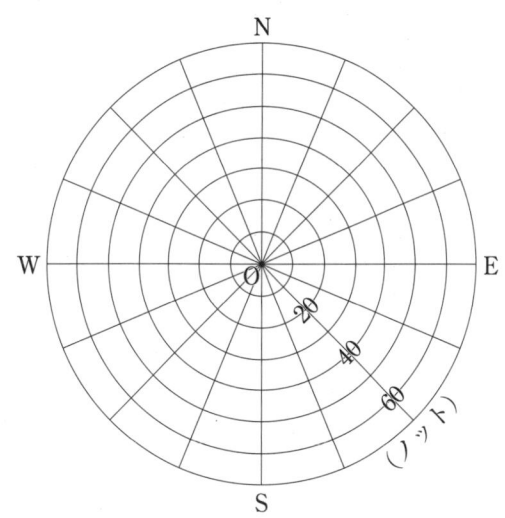

18時：

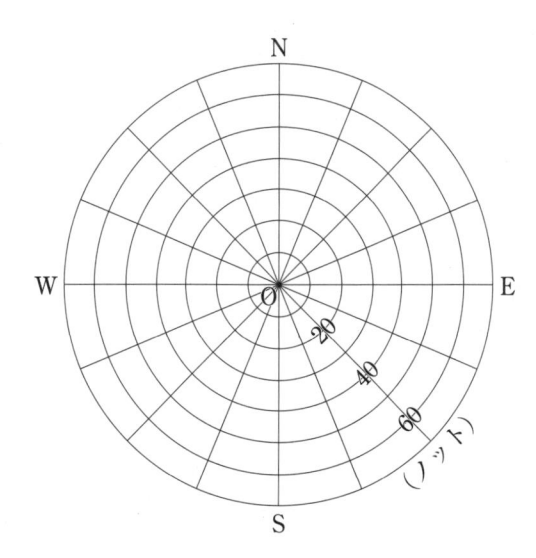

(4)
1. _____時　　2. _____時　　3. _____時

(5)
1. _____時、_____移流

2. _____時、_____移流

3. _____時、_____移流

気象予報士模擬試験問題

実技試験 2

解答時間 75 分間

実技試験 2

次の資料を基に以下の問題に答えよ。

ただし、UTC は協定世界時を意味し、問題文中の時刻は特に断らない限り中央標準時(日本時)である。中央標準時は協定世界時に対して 9 時間進んでいる。

なお、解答における字数に関する指示は概ねの目安であり、それより若干多くても少なくてもよい。

図1　地上天気図　XX 年 3 月 3 日 9 時
図2　300 hPa 天気図(上)　XX 年 3 月 3 日 9 時
　　　500 hPa 天気図(下)　XX 年 3 月 3 日 9 時
図3　700 hPa 天気図(上)　XX 年 3 月 3 日 9 時
　　　850 hPa 天気図(下)　XX 年 3 月 3 日 9 時
図4　高層断面図　XX 年 3 月 3 日 9 時((a)東経 140 度、(b)東経 130 度)
図5　500 hPa 高度・渦度解析図(上)
　　　850 hPa 気温・風、700 hPa 上昇流解析図(下)
　　　XX 年 3 月 3 日 9 時
図6　気象衛星画像　XX 年 3 月 3 日 9 時
　　　　　　　　　赤外画像(上)可視画像(下)
図7　解析雨量　XX 年 3 月 3 日 9 時
図8　(a) 500 hPa 高度・渦度 12 時間予想図(上)
　　　　　地上気圧・降水量・風 12 時間予想図(下)
　　　　　XX 年 3 月 3 日 9 時初期値(気象庁提供)
　　　(b) 500 hPa 高度・渦度 24 時間予想図(上)
　　　　　地上気圧・降水量・風 24 時間予想図(下)
　　　　　XX 年 3 月 3 日 9 時初期値(気象庁提供)
図9　(a) 500 hPa 気温、700 hPa 湿数 12 時間予想図(上)
　　　　　850 hPa 気温・風、700 hPa 上昇流 12 時間予想図(下)
　　　　　XX 年 3 月 3 日 9 時初期値(気象庁提供)
　　　(b) 500 hPa 気温、700 hPa 湿数 24 時間予想図(上)
　　　　　850 hPa 気温・風、700 hPa 上昇流 24 時間予想図(下)
　　　　　XX 年 3 月 3 日 9 時初期値(気象庁提供)
図10　850 hPa 風・相当温位 12・24 時間予想図
　　　 XX 年 3 月 3 日 9 時初期値
図11　湿度と地上気温による雨・雪の判別図
表1　地上気象観測値　東京(大手町)　3 月 3 日〜4 日

XX年3月3日から4日にかけて、日本の南岸を発達しながら北東進した低気圧に関する以下の問に答えよ。予想図の初期時刻はいずれも3月3日9時（00UTC）である。

問1

図1から図3を参考に日本付近を通過する低気圧に関する以下の問に答えよ。

(1) 次の文章の空欄に入る適切な語句または数値を、下欄から選んで記入せよ。

　　日本付近で発生・発達する（温帯）低気圧は経路によって大別され、代表的な経路は、日本の南西海上の東シナ海付近で発生、日本列島の南岸沿いを発達しながら北東進する（①）、日本列島を挟むように日本海と日本列島の南岸を東または北東進する（②）、華北方面から東進してきて、日本海に入り、発達しながら北東進する（③）などがある。これらの低気圧は、日本付近の天気に特徴的な変化をもたらす。

　　（①）は、主として寒候期に多く、大陸の高気圧が衰弱すると図1のように東シナ海付近に低気圧が発生する。図3下の850 hPa天気図に見られるように低気圧の（④）側では、海上の暖湿流の流入、（⑤）側では大陸の寒気の流入が顕著になり、急速に発達して北東または東北東に進み、日本に近づいて暴風や高波、大雨や大雪など様々な現象をもたらす。発生する場所にちなんで（⑥）ということもある。

　　なお、特に発達するものは、中心気圧が1日に（⑦）hPaくらいの割合で深まり、発生当時1020 hPaくらいのものが、翌日には関東地方沿岸や三陸沖で1000 hPaくらいとなり、千島やアリューシャン方面では960 hPaくらいまで発達する。この頃の強風域は半径（⑧）kmに及ぶものも珍しくなく、この方面で冬季に連日大しけが続く。低気圧が発達して中心付近の気圧が台風と同じくらいになることがあるが、（温帯）低気圧と台風では中心気圧は同じくらいでも、その暴風半径は台風より（⑨）なることがある。

熱帯低気圧、南岸低気圧、寒冷低気圧、日本海低気圧、二つ玉低気圧、東シナ海低気圧、南東、北東、北西、南西、5、20、50、100、2000、大きく、小さく

(2) 　図7の解析雨量図には、北日本の日本海沿岸と、沖縄の東海上付近に雨域がある。それぞれの雨域について、図6の衛星画像、および図5(下)850 hPa気温・風、700 hPa上昇流解析図から、雲の種類として、次のいずれの雲が考えられるか、またその成因を30字程度で述べよ。

雲の種類：層雲、層積雲、積雲、積乱雲

北日本日本海沿岸：

沖縄の東海上：

(3) 　図4の高層断面図を見ると、東経130度および140度線を通る寒帯前線ジェット気流の流れが顕著である。図2(上) 300 hPa天気図に東経120度から150度にかけての寒帯前線ジェット気流の位置を矢印で示せ。また、衛星画像では、ジェット気流に伴う典型的な雲も見られるが、どのような曲率をもった雲で、上・中・下層雲のいずれかであろうか。

特徴ある雲：＿＿＿＿曲率をもった＿＿＿＿層雲

問2

(1) 　図8(b)(下)から24時間後の地上低気圧(×印)および中心から延びる温暖前線、寒冷前線を前線の記号をつけて描画せよ。ただし、描画する区間は最長でも、東経130度から150度とする。

(2) 　温暖前線、寒冷前線それぞれの位置を決めた根拠を40字程度で記述せよ。

問3

　発達中の低気圧が関東地方の南海上を通過するとき、関東地方の平野部では雪になり、積雪を記録することがある。

　この事例の3月3日の関東地方は、夕方まで日照があり、晴れまたは曇りの天気だった。気温は東京で日中の最高気温が10.2℃まで上がり、湿度は30％台と乾燥していた。関東地方の降水(雨)は弱いものが18時過ぎから始まり、4日未明にはほぼ全域で降水を観測した。降り始めは標高の高い軽井沢や河口湖では雪、それ以外の平野部では雨だった。その後、関東地方では急速に気温が下がり、6時には平野部のほとんどのところで雪に変わった。

　このことを前提に、カッコ内に適当な語句または数値を入れよ。

　図11は、過去の経験から統計的に求めた地上気温と相対湿度による雨雪判別の図である。雨、雪の境界は相対湿度によって変わり、湿度50％で雪またはみぞれになる気温は(①)℃で、100％になると(②)℃となる。このように湿度の違いにより雨雪判別の気温に差がある。これは、雪片が落下しながら湿度の低い層を通過する際に、下層が乾燥している場合は、雪片の表面から(③)が奪われ、雪片の温度の上昇を抑え(④)を遅れさせるからである。

　また、下層大気が0℃以上で乾燥しているときは、(④)した水滴が大気から(③)を奪うため、特に降り始めの降水が弱い場合は、降水により下層大気の気温が急に(⑤)したりする。

　一般に、地上気温が2℃以下では雪になることが多く、4℃以上では雨になることが多い。このため、天気予報で雨か雪を判断する場合は、地上気温予報の精度が重要となる。

　850hPaの気温に注目すると、－6℃以下だと地上でも雪になりやすいといわれている。これは、850hPaの高度を1500m、気温減率を6℃/1kmと仮定すると地上気温が(⑥)℃になり、地上気温の雨、雪の境界値2～4℃に近い気温となる。

　ただし、冬季の関東地方の降水は低気圧に伴う温暖前線や局地的な前線付近で降り始めることが多い。その際、850hPaより下に前線面があると前線性逆転層があるために、その付近で気温が(⑦)し気温が高くなるので、地上の気温と850hPa高度での気温差が(⑧)くなることになり、したがって、850hPaの気温は－6℃より(⑨)くても、地上で(⑩)やみぞれになることもある。実際、24時間予想図(図9(b))の850hPaの東京付近の気温は、等値線から推測すると(⑪)℃～(⑫)℃となっており－6℃より(⑨)い。

　表1は、3月3日から4日にかけての東京の気温、露点温度、相対湿度、降水量と、該当時間帯の降水に関する記事である。東京では3日20時15分から(⑬)が降り始め、4日1時30分から(⑭)にかわり、2時50分から(⑩)になった。その後、雪が降り続き、

12時30分には(⑭)、14時00分には(⑬)となり、15時10分に降水が終わった。降水形態の変化を地上気温と対比してみると、(⑬)の降り始めである21時の気温は5.4℃、露点温度は−2.0℃と比較的乾燥していた。しかし、(⑭)に変わった4日2時には気温1.4℃に下降し、露点温度−0.5℃と上昇して湿った大気となった。この事例では、関東地方の各観測点とも約2℃が(⑬)・(⑩)の境界になった。

　一般に、関東地方では発達中の低気圧が八丈島またはその南を通過すると(⑩)、それより北を通過するときは(⑬)になりやすいといわれている。これは、低気圧が南を進むと関東地方北部を中心に滞留する冷たい気塊（滞留気塊）が南部にも広がり、沿岸を吹く北東気流が関東地方に冷気をもたらして、(⑩)になりやすくなり、一方、低気圧が南岸に接近しすぎると低気圧自身が相対的に暖かい空気を南から運んでくるため、(⑬)になりやすいためである。ただし、低気圧のコースだけでは降水形態の予測が難しいので、関東地方の局地天気図を基に(⑮)、(⑯)、(⑰)の時間的、地域的変化をつかんで予想する必要がある。

図1

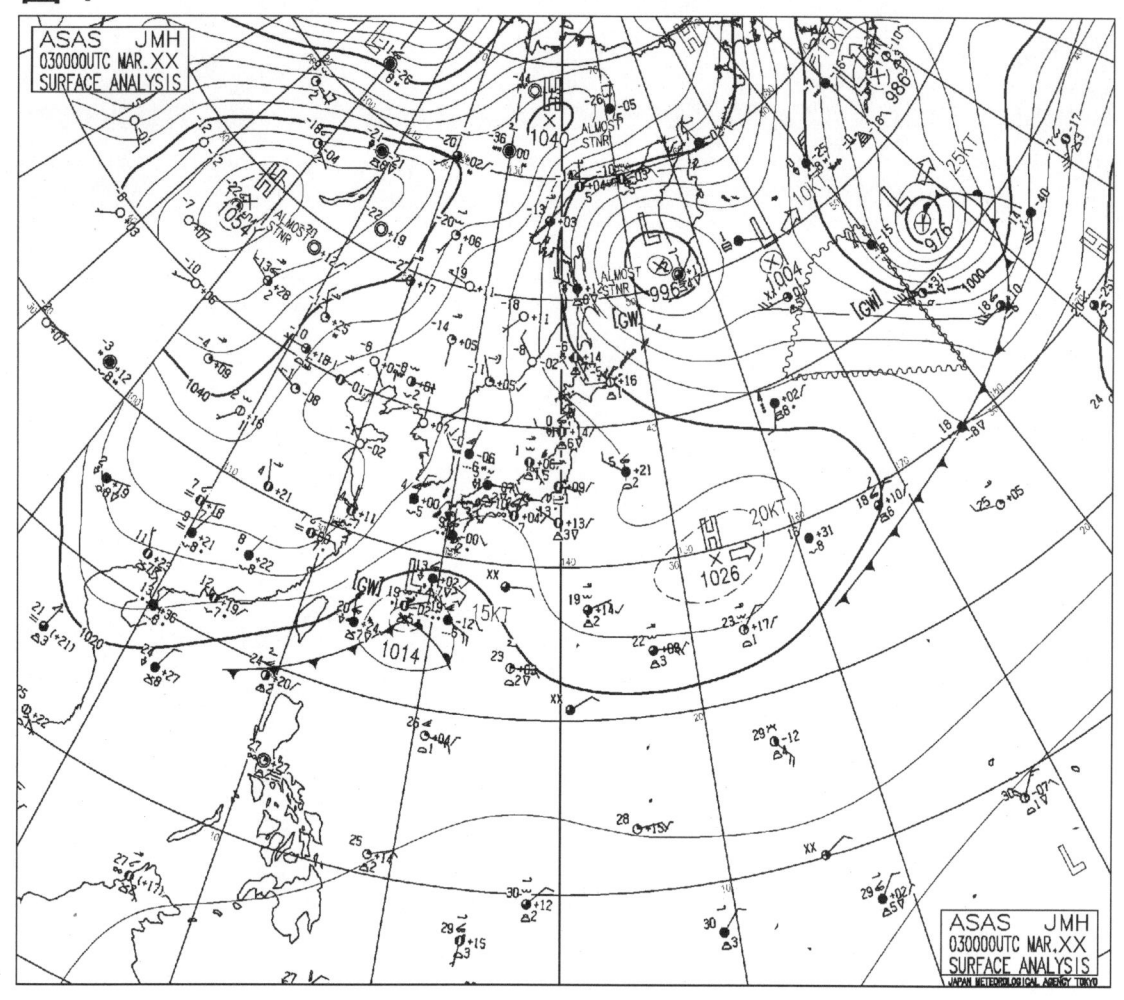

図1 地上天気図　XX年3月3日9時(気象庁提供)

図2

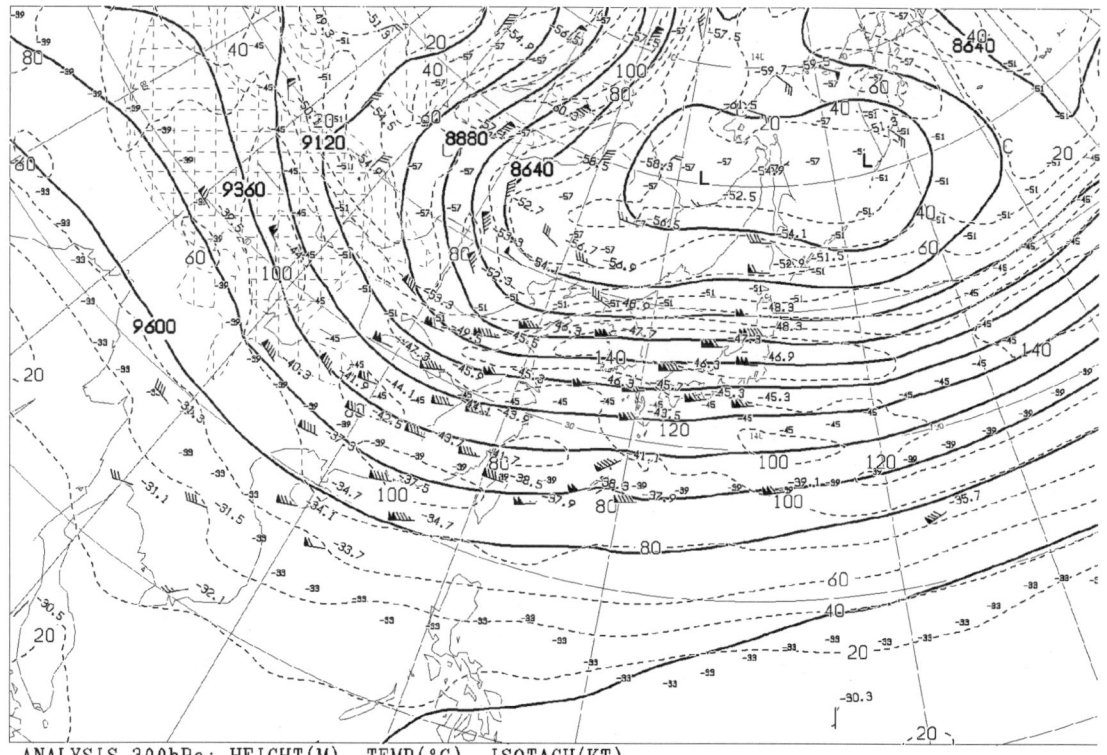

ANALYSIS 300hPa: HEIGHT(M), TEMP(°C), ISOTACH(KT)

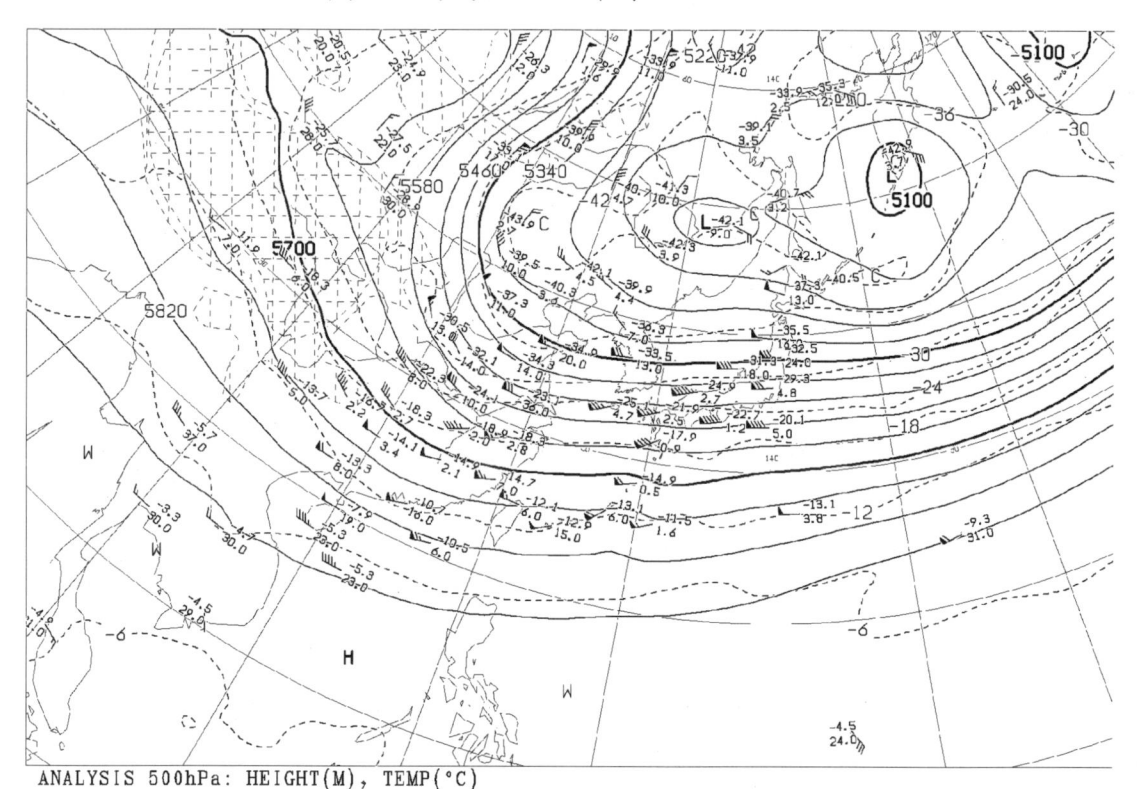

ANALYSIS 500hPa: HEIGHT(M), TEMP(°C)
AUPQ35　030000UTC MAR XX　　　　　　　　Japan Meteorological Agency

図2　300hPa天気図（上）、500hPa天気図（下）
　　XX年3月3日9時（気象庁提供）

図3

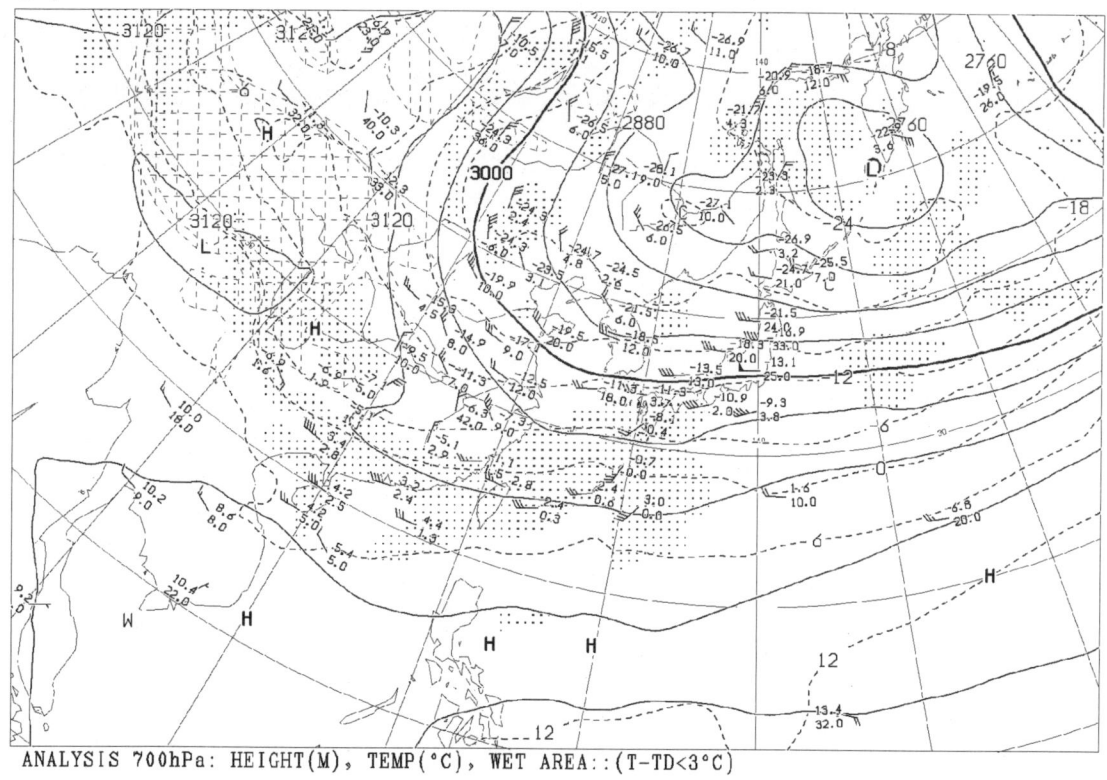

ANALYSIS 700hPa: HEIGHT(M), TEMP(°C), WET AREA::(T-TD<3°C)

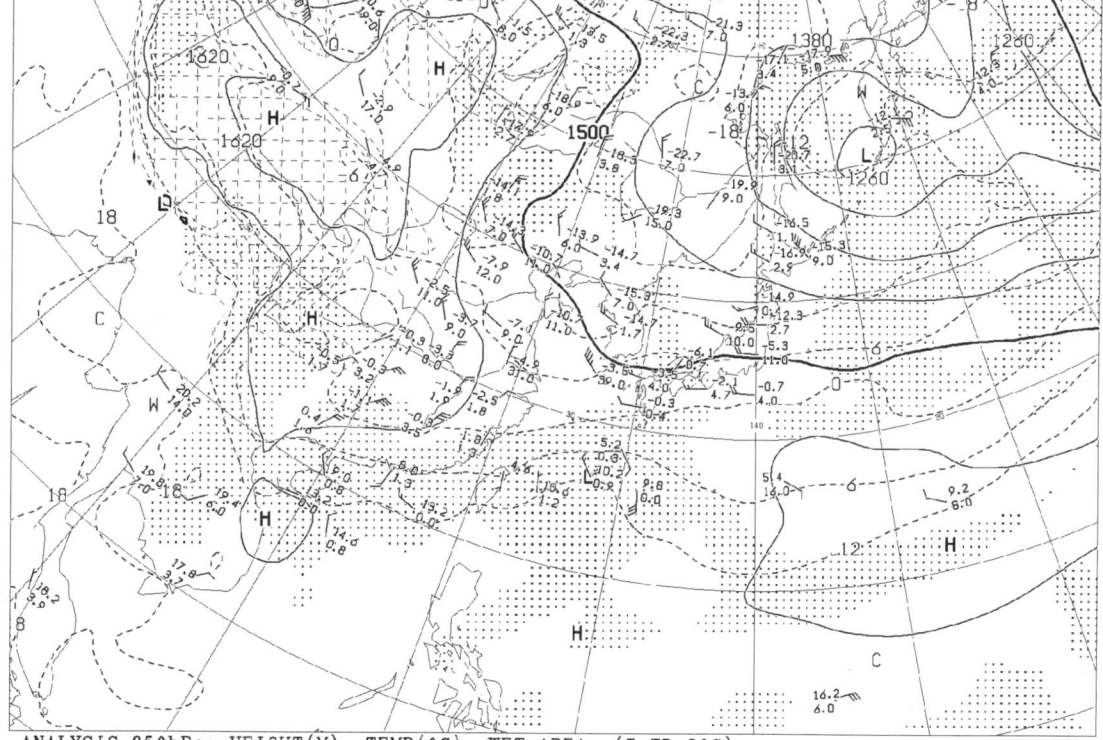

ANALYSIS 850hPa: HEIGHT(M), TEMP(°C), WET AREA::(T-TD<3°C)
AUPQ78　030000UTC MAR XX　　　　　　　　　Japan Meteorological Agency

図3　700 hPa天気図(上)、850 hPa天気図(下)
　　　XX年3月3日9時(気象庁提供)

図4

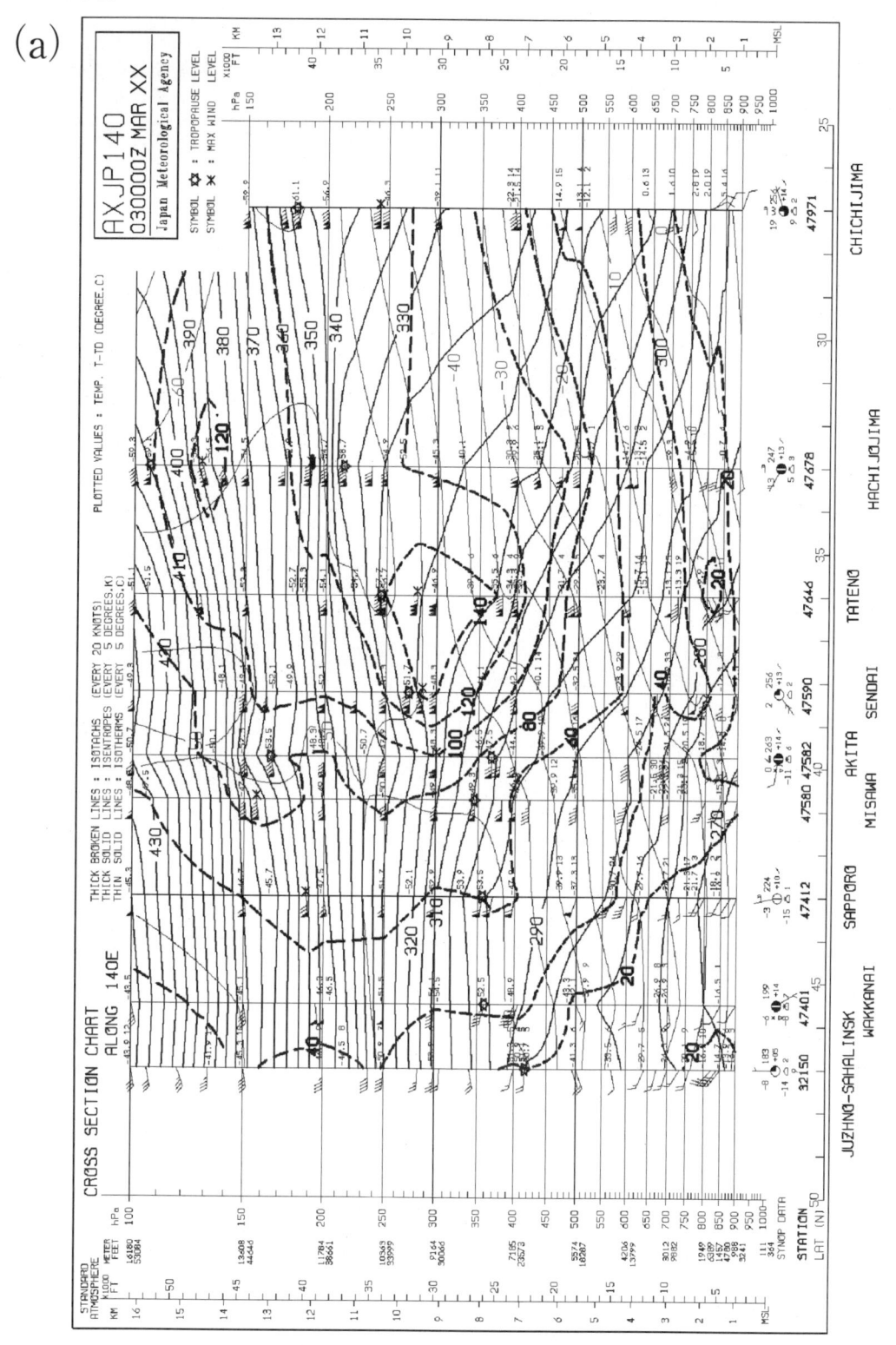

(a)

図4 (a)：高層断面図　AWJP 140：東経140度線に沿う断面図
　　XX年3月3日9時（気象庁提供）

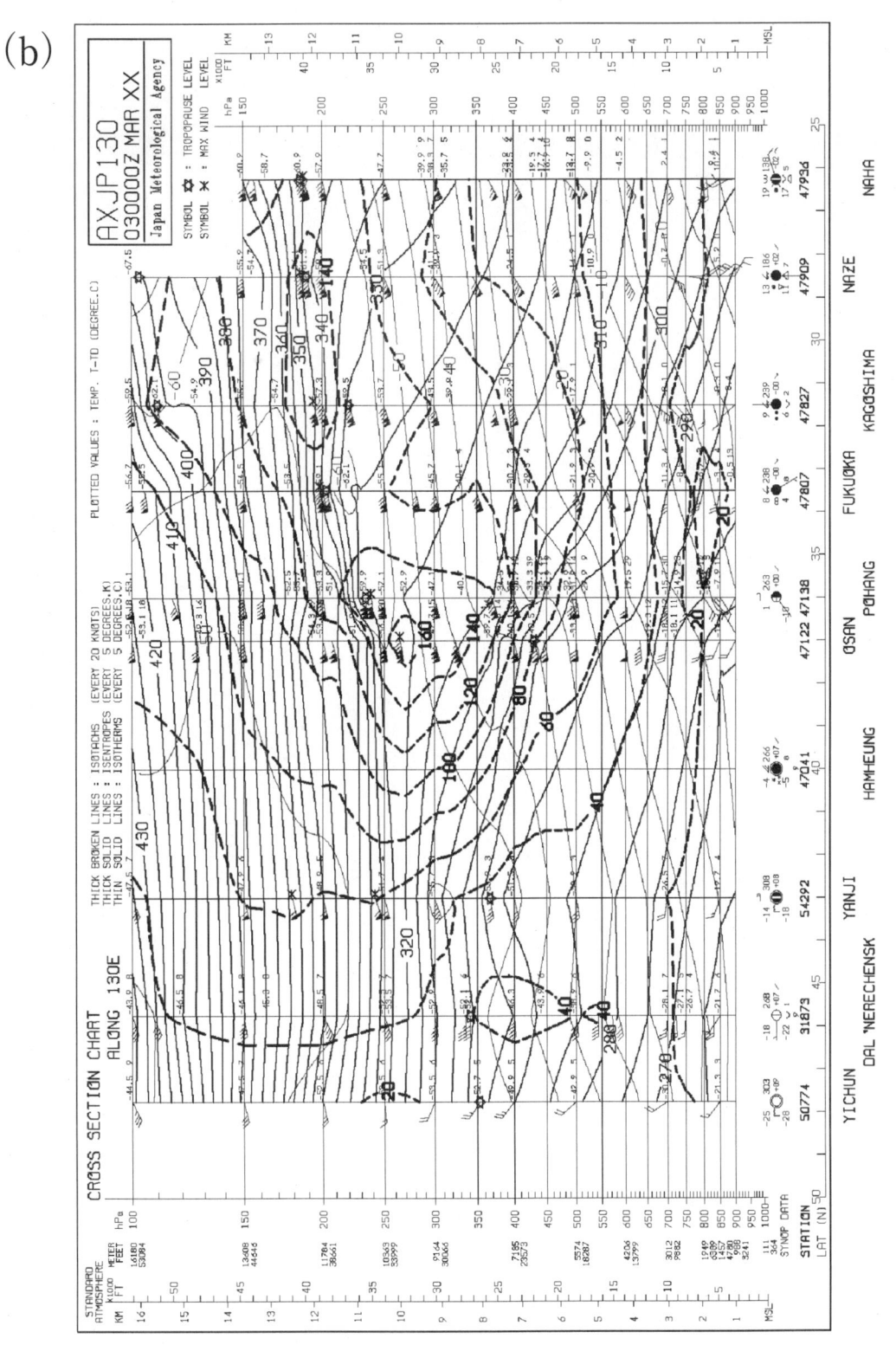

図4　(b)：高層断面図　AWJP 130：東経130度線に沿う断面図
　　　XX年3月3日9時(気象庁提供)

図5

T=00　HEIGHT(M),VORT(10**-6/SEC) AT 500hPa

T=00　TEMP(C), WIND ARROW AT 850hPa
　　　P-VEL(hPa/H) AT 700hPa

AXFE578　030000UTC MAR XX　Japan Meteorological Agency

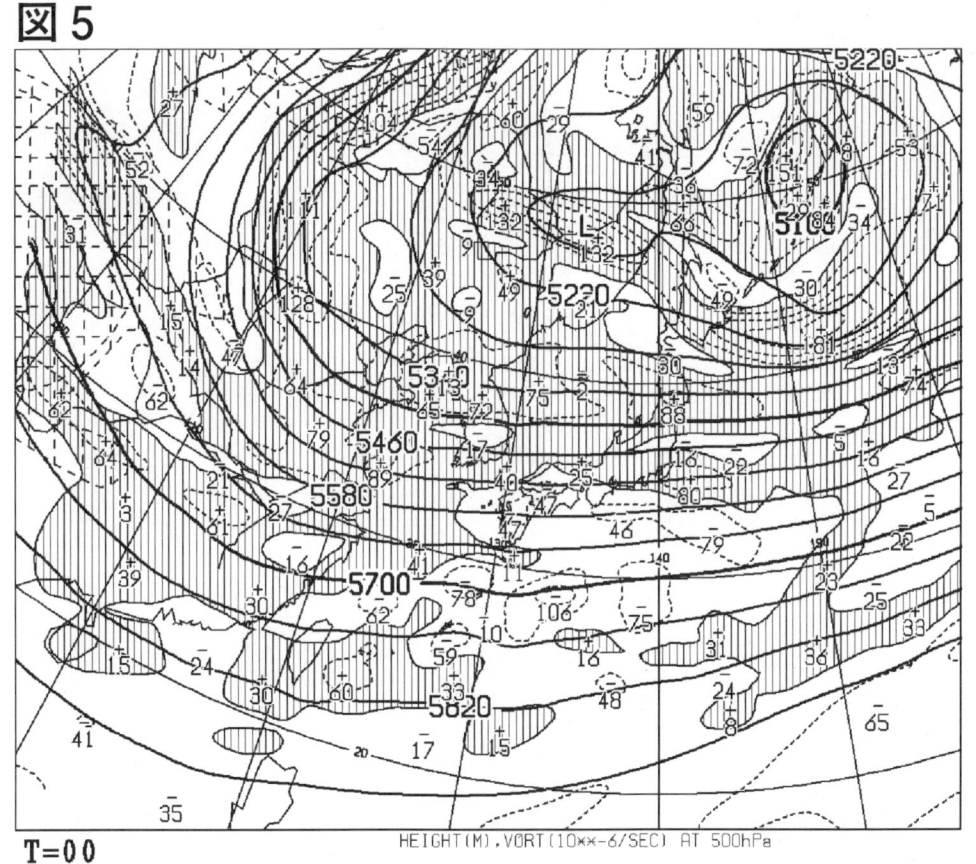

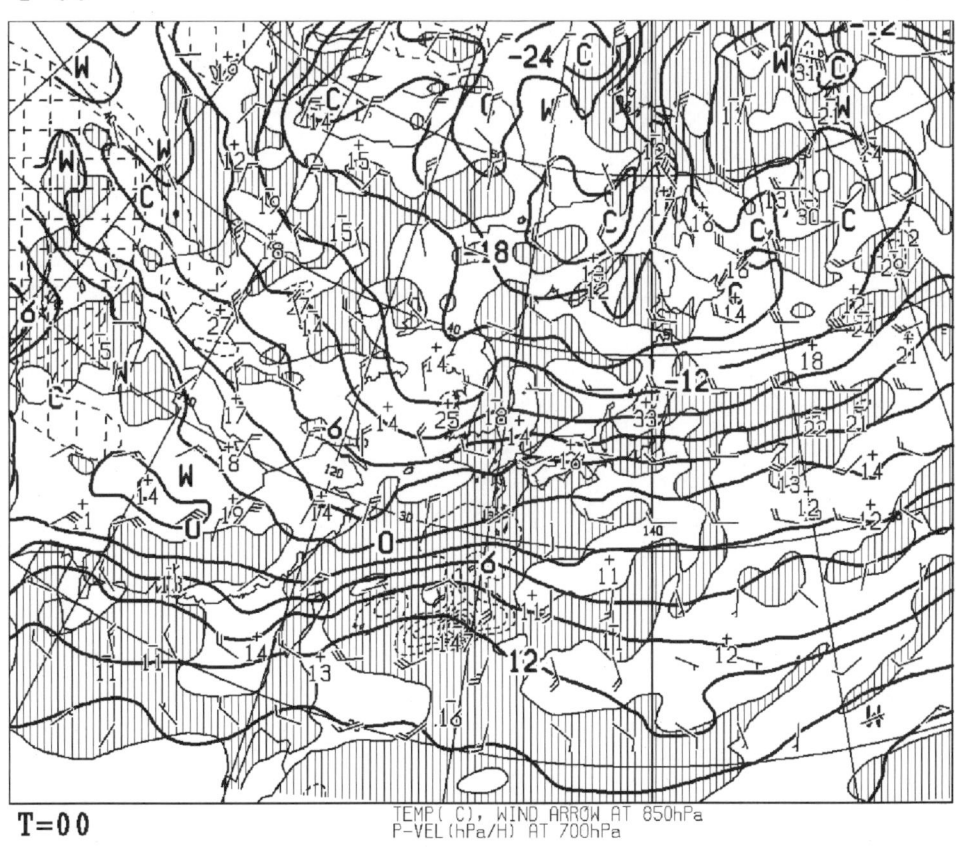

図5　500hPa高度・渦度解析図（上）
　　　850hPa気温・風、700hPa上昇流解析図（下）
　　　XX年3月3日9時（気象庁提供）

図6

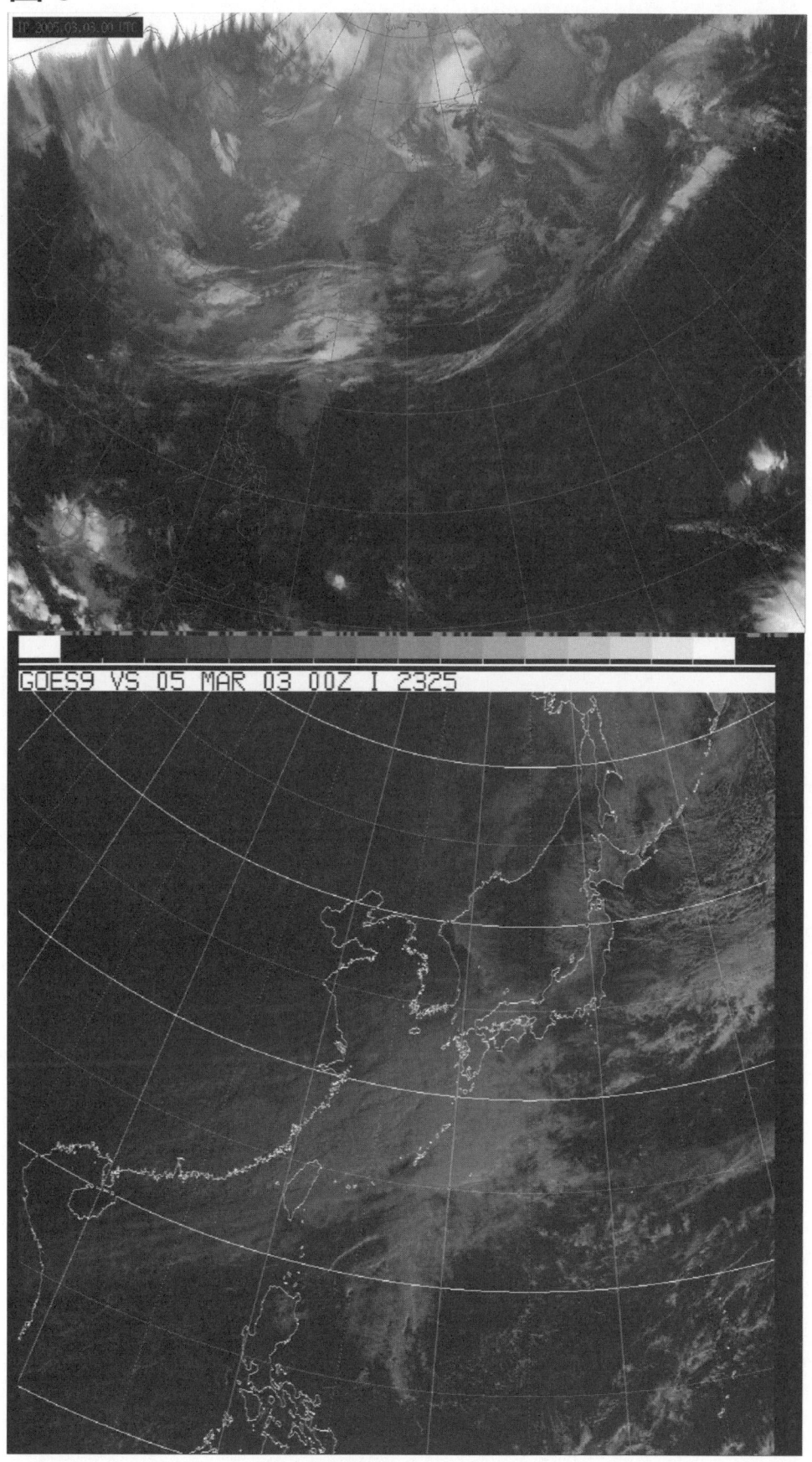

図6 気象衛星画像　XX年3月3日9時
　　　赤外画像（上）、可視画像（下）

図7

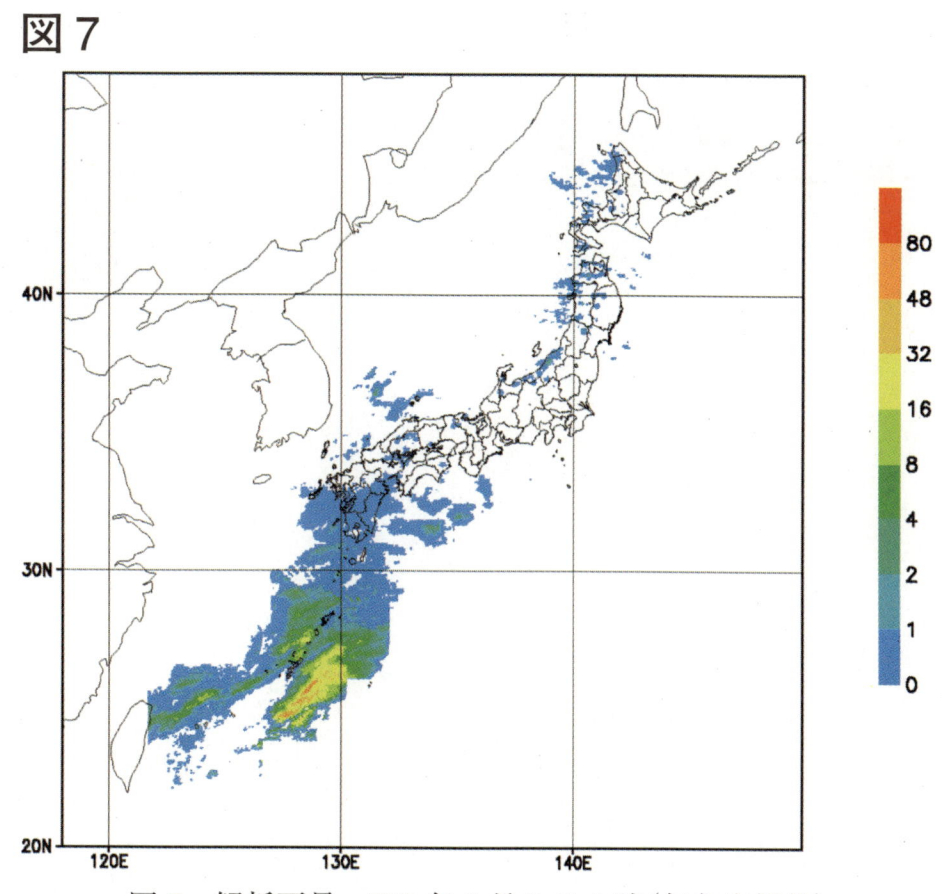

図7 解析雨量 XX年3月3日9時(気象庁提供)

図8

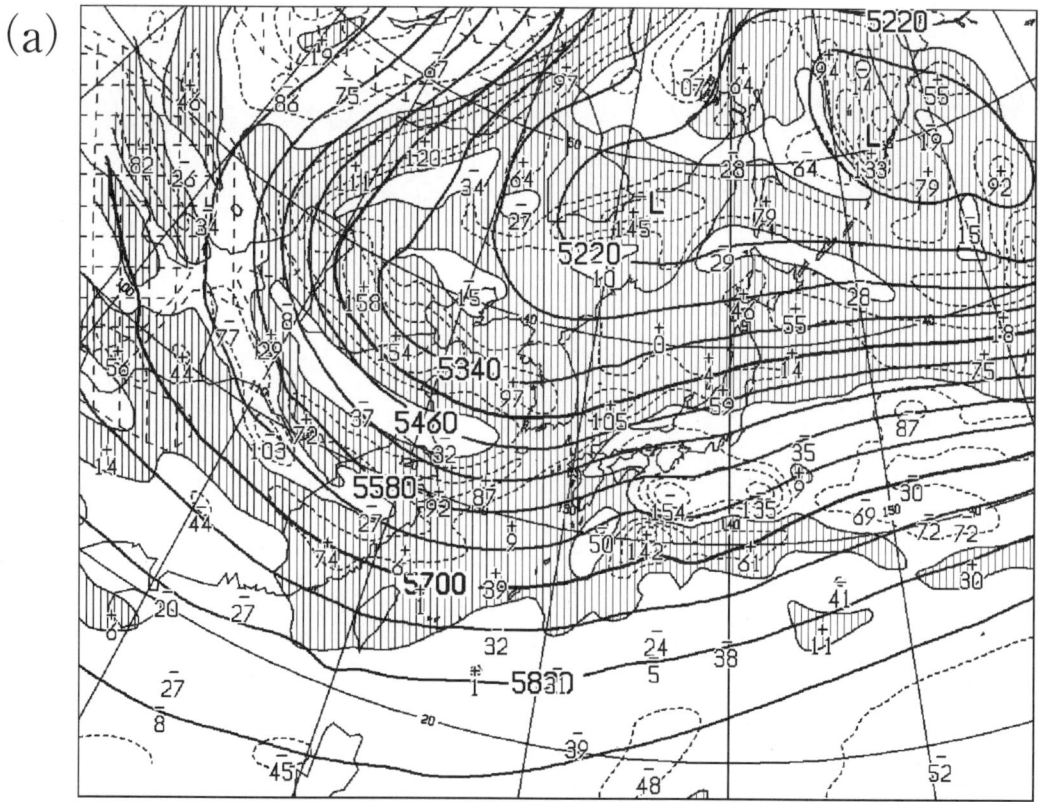

(a)

T=12 VALID 031200UTC HEIGHT(M),VORT(10**-6/SEC) AT 500hPa

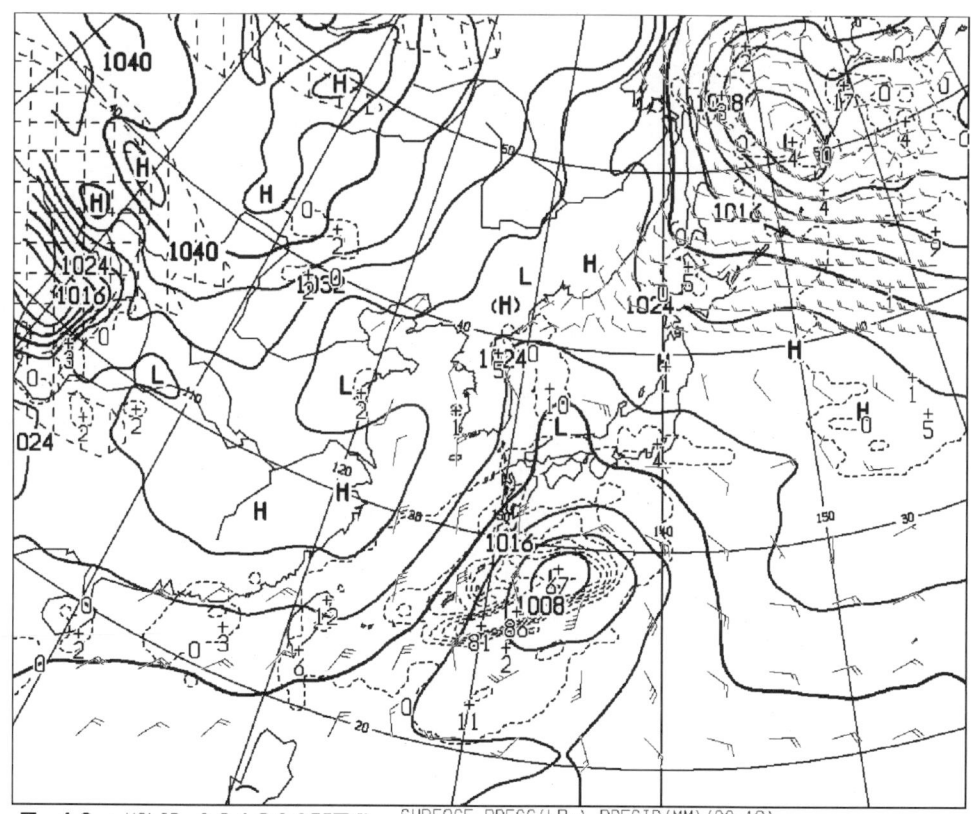

T=12 VALID 031200UTC SURFACE PRESS(hPa),PRECIP(MM)(00-12) WIND ARROW AT SURFACE

図8　(a)：500hPa高度・渦度12時間予想図(上)
　　　地上気圧・降水量・風12時間予想図(下)
　　　XX年3月3日9時初期値(気象庁提供)

(b)

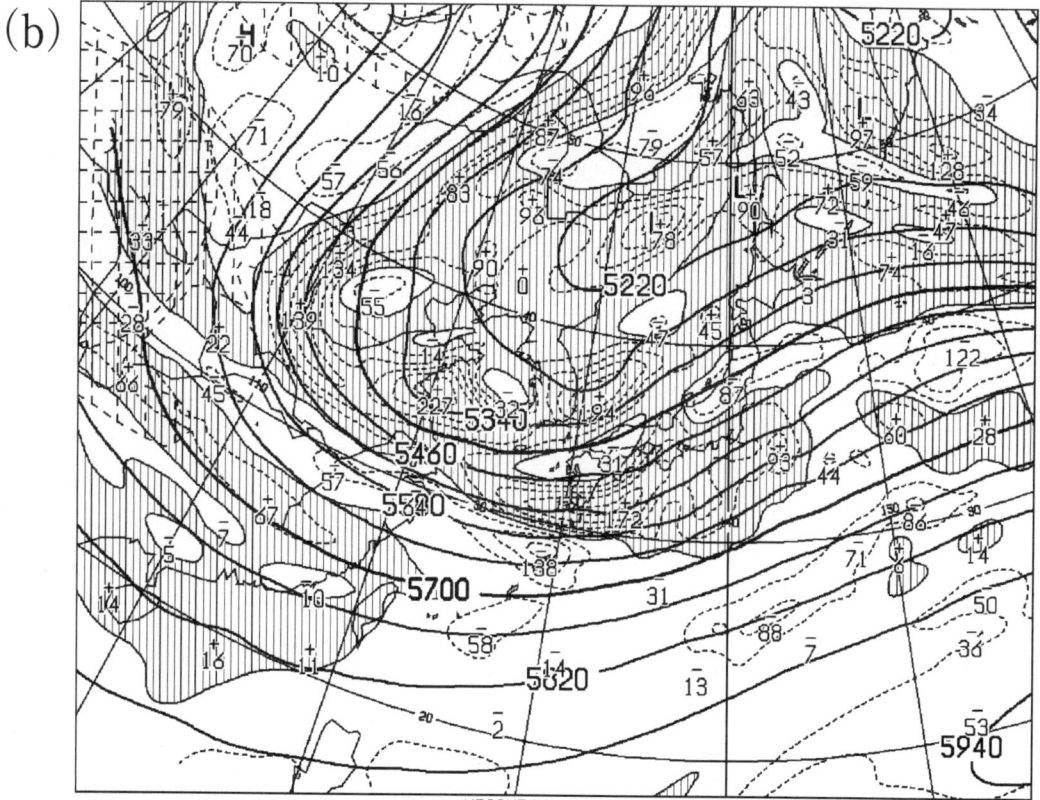

T=24 VALID 040000UTC HEIGHT(M),VORT(10**-6/SEC) AT 500hPa

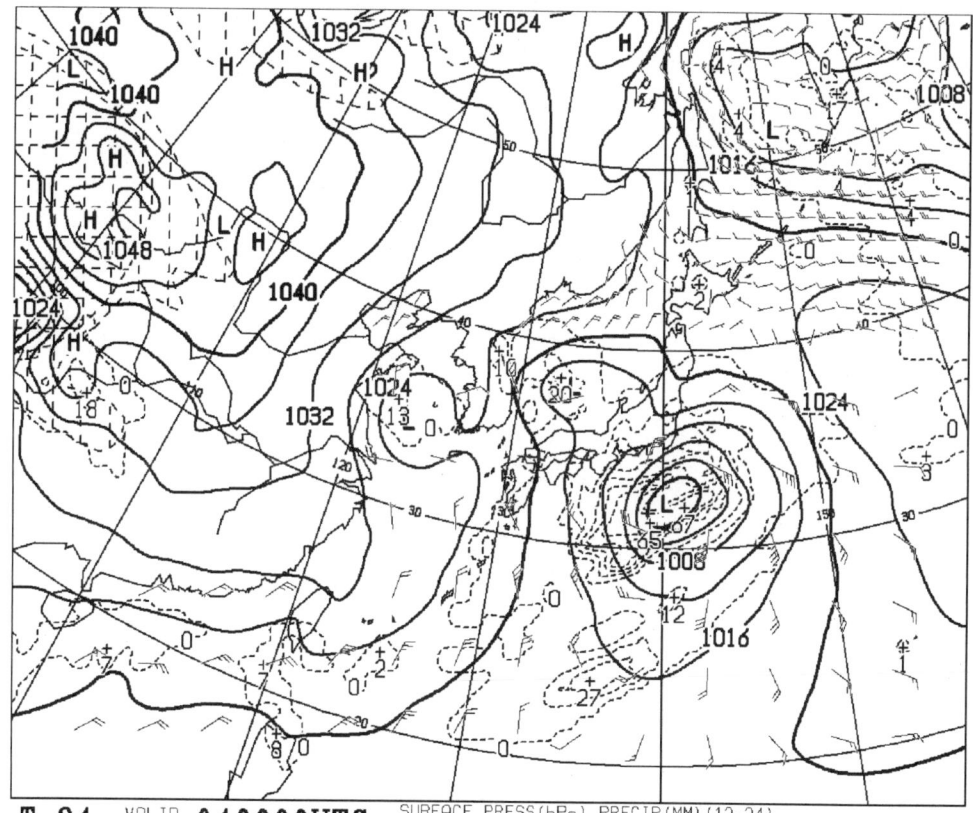

T=24 VALID 040000UTC SURFACE PRESS(hPa),PRECIP(MM)(12-24) WIND ARROW AT SURFACE

図8 (b)：500hPa高度・渦度24時間予想図(上)
地上気圧・降水量・風24時間予想図(下)
XX年3月3日9時初期値(気象庁提供)

図9

(a)

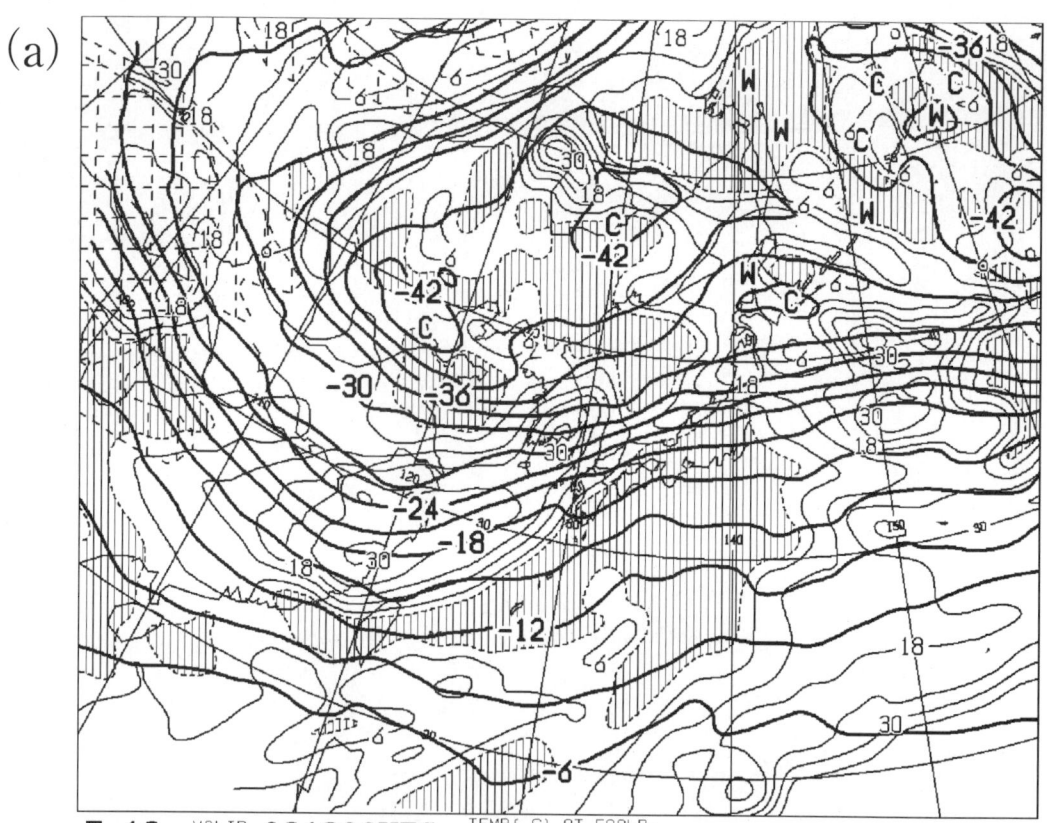

T=12　VALID 031200UTC　TEMP(C) AT 500hPa / T-TD(C) AT 700hPa

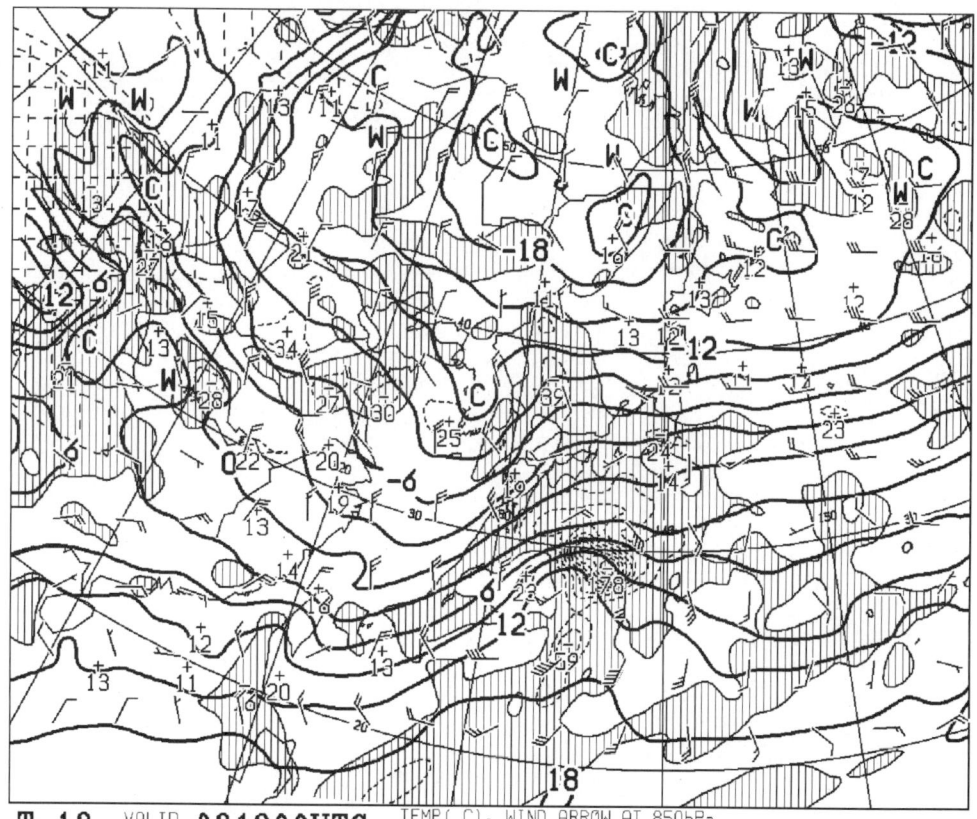

T=12　VALID 031200UTC　TEMP(C), WIND ARROW AT 850hPa / P-VEL(hPa/H) AT 700hPa

図9　(a)：500hPa気温、700hPa湿数12時間予想図(上)
850hPa気温・風、700hPa上昇流12時間予想図(下)
XX年3月3日9時初期値(気象庁提供)

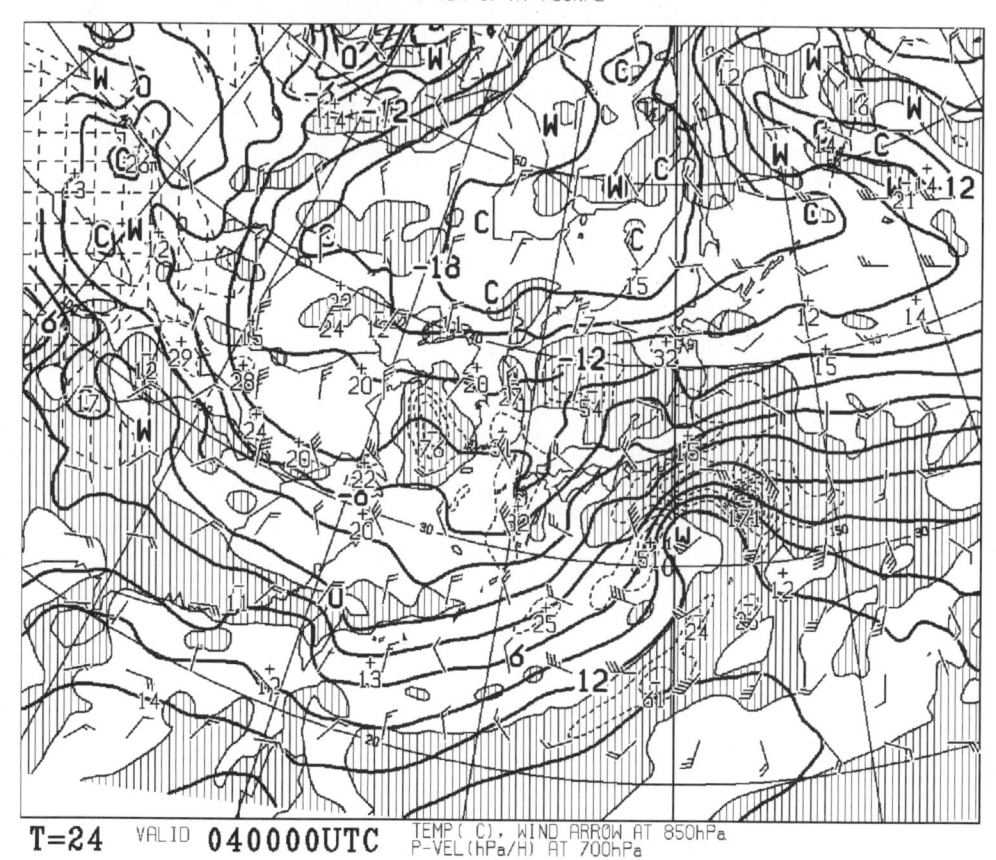

図9 (b): 500 hPa 気温、700 hPa 湿数 24 時間予想図(上)
850 hPa 気温・風、700 hPa 上昇流 24 時間予想図(下)
XX年3月3日9時初期値(気象庁提供)

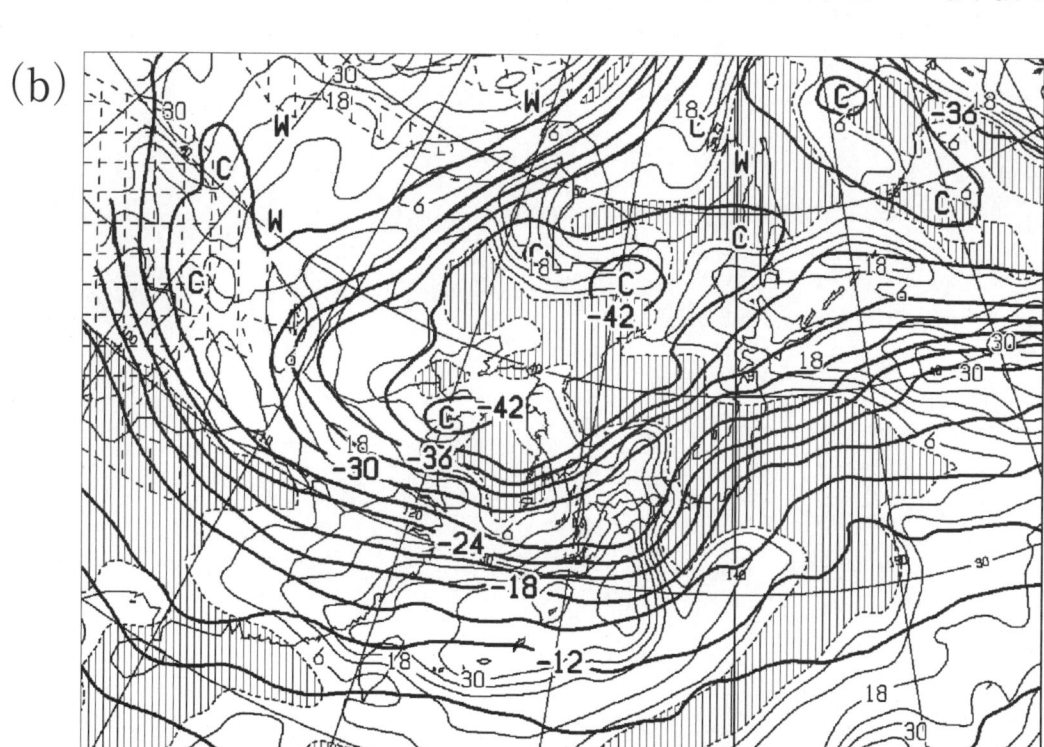

図10

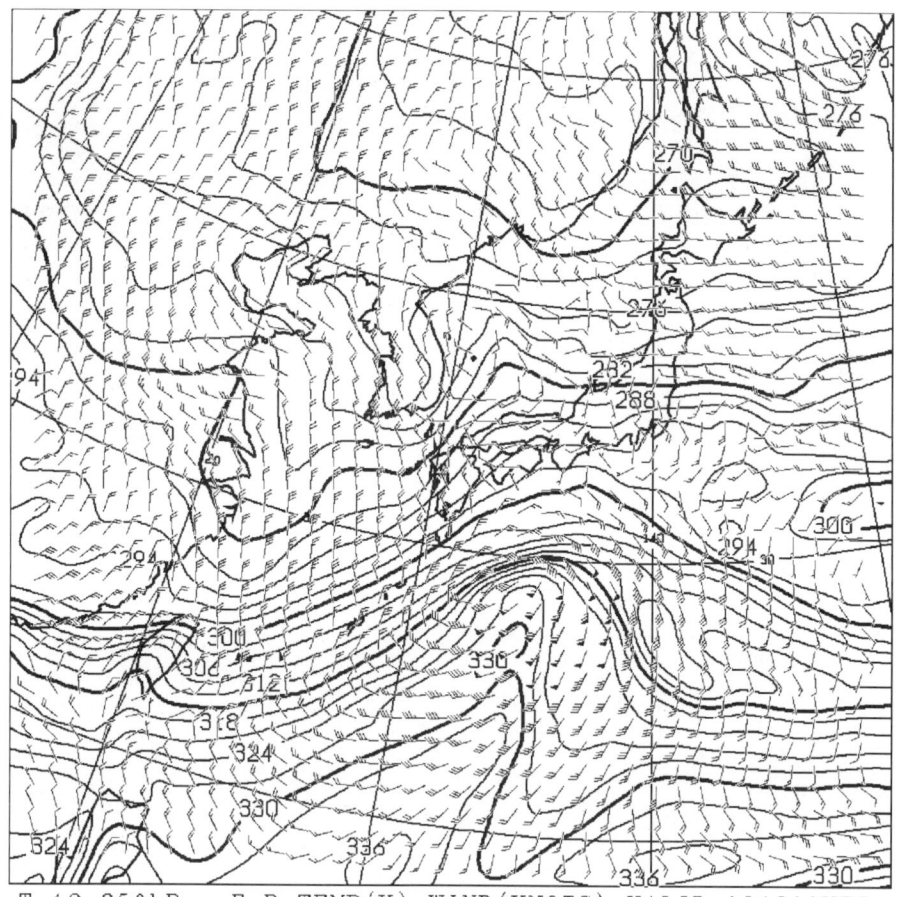

T=12 850hPa: E.P.TEMP(K),WIND(KNOTS) VALID 031200UTC

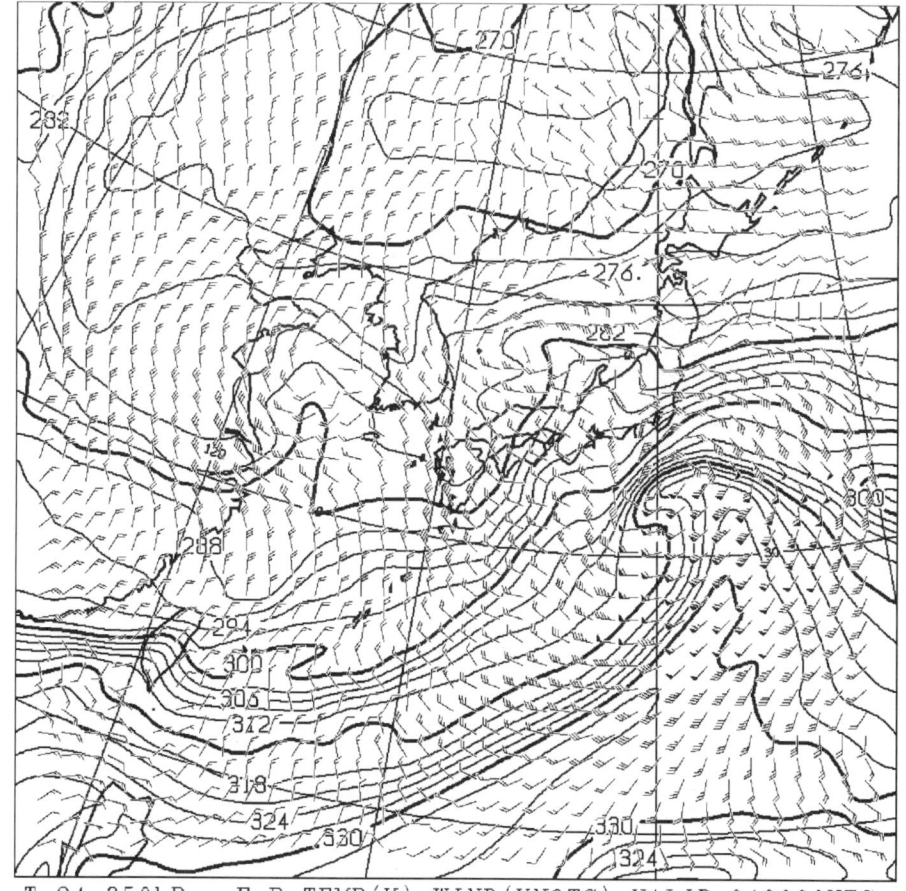

T=24 850hPa: E.P.TEMP(K),WIND(KNOTS) VALID 040000UTC

図10　850hPa風・相当温位12(上)・24(下)時間予想図
XX年3月3日9時初期値(気象庁提供)

図11

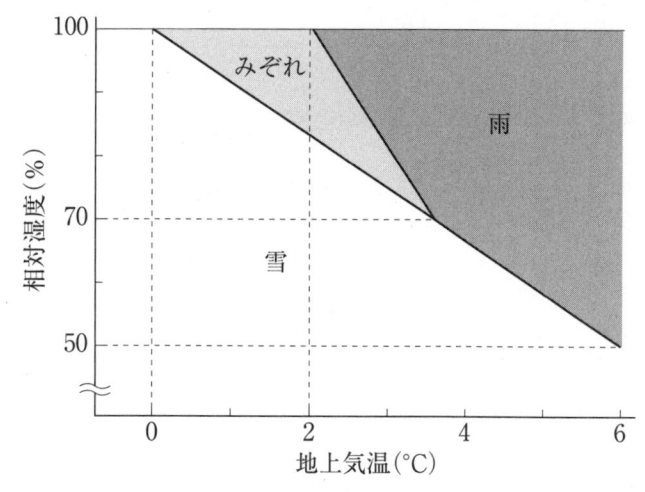

図11 湿度と地上気温による雨・雪の判別図
（Matsuo et al(1981)に基づいて作成）

表1

表1 地上気象観測値 東京(大手町)3月3日～4日

時	気温 (°C)	露点温度 (°C)	湿度 (%)	降水量 (mm)
21	5.4	−2	59	0
22	4.4	0.2	74	0
23	3.6	0.1	78	1
24	3.1	0.5	83	1
1	2.3	0.1	85	1.5
2	1.4	−0.5	87	1.5
3	1.2	−0.6	88	2.5
4	1.1	−0.7	88	1.5
5	1.1	−0.7	88	1
6	1	−0.6	89	2
7	0.8	−1	88	2
8	1	−0.8	88	1.5
9	0.9	−0.7	89	2.5
10	1.3	−0.6	87	1.5
11	1.3	−0.8	86	1.5
12	1.8	−0.4	85	1
13	2.2	−0.4	83	0.5
14	2.4	−0.9	79	0
15	3.4	−0.4	76	0
16	3.5	−0.9	73	0
17	3.3	−2	68	—
18	3.3	−1.8	69	—
19	3.4	−1.7	69	—
20	2.9	−2.2	69	—

2015 ● −0130　✼ −0250　✶ −1230　✶ −1400　● −1510

気象予報士模擬試験問題　（実技 2）　解答用紙　1

フリガナ
氏　名

採点欄

問 1 (1)

① _____　　② _____　　③ _____

④ _____　　⑤ _____　　⑥ _____

⑦ _____　　⑧ _____　　⑨ _____

(2)

北日本日本海沿岸：

雲の種類 _____

成因

沖縄の東海上：

雲の種類 _____

成因

気象予報士模擬試験問題　（実技 2）　解答用紙　1

(3)

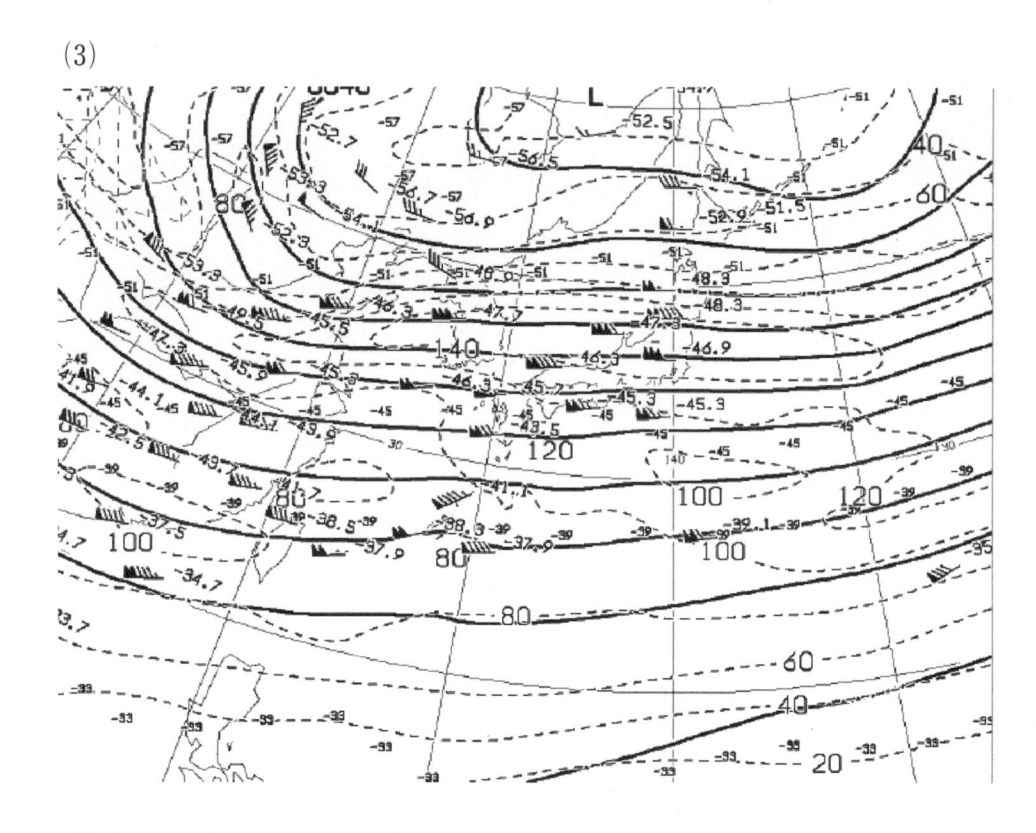

特徴ある雲：＿＿＿＿曲率をもった＿＿＿＿層雲

問2

(1)

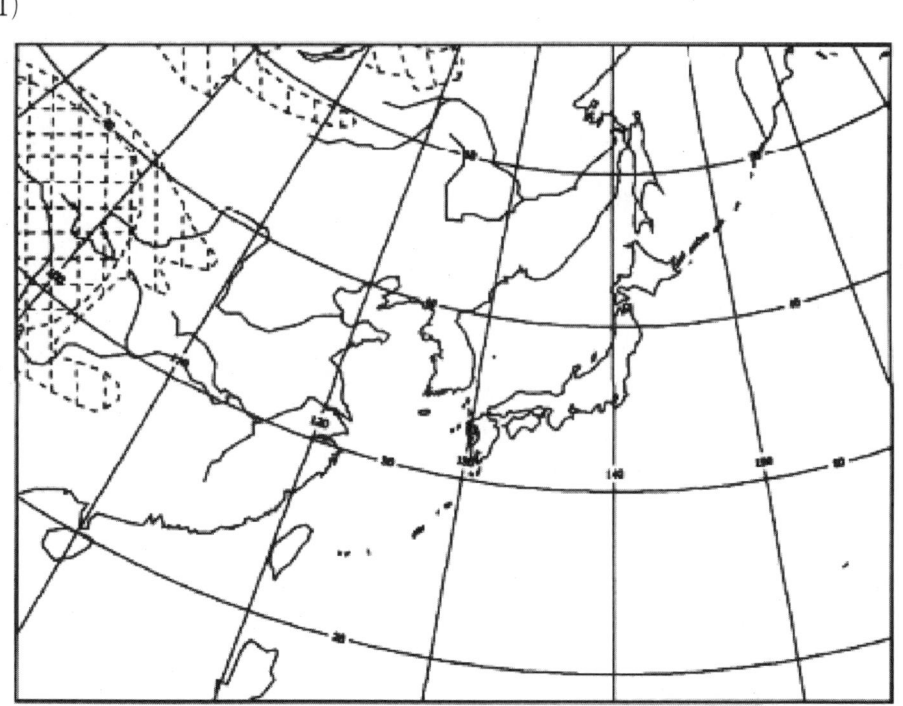

(2) 決めた根拠
温暖前線：

寒冷前線：

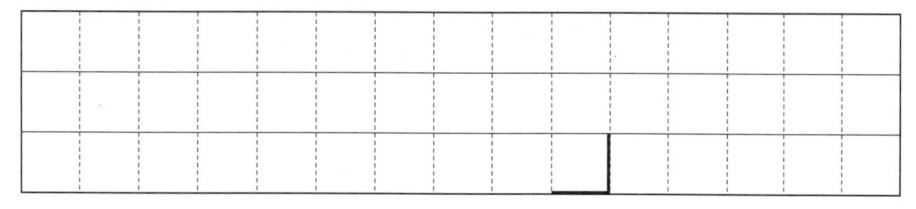

問3

① _____   ② _____   ③ _____

④ _____   ⑤ _____   ⑥ _____

⑦ _____   ⑧ _____   ⑨ _____

⑩ _____   ⑪ _____   ⑫ _____

⑬ _____   ⑭ _____   ⑮ _____

⑯ _____   ⑰ _____